¿CÓMO SE COME EN CUBA?

Claudia González Marrero / Nastassja Rojas Silva /
Sergio Ángel / Germán Quintero / Lina María Muñoz /
Caroll Cárdenas / María Camila Herrera /
Valentina Bohórquez

¿CÓMO SE COME EN CUBA?

Diálogos sobre seguridad alimentaria

De la presente edición, 2023:

© Claudia González Marrero
© Nastassja Rojas Silva
© Sergio Ángel
© Germán Quintero
© Lina María Muñoz
© Caroll Cárdenas
© María Camila Herrera
© Valentina Bohórquez
© Editorial Hypermedia

Editorial Hypermedia
www.editorialhypermedia.com
www.hypermediamagazine.com
hypermedia@editorialhypermedia.com

Edición y maquetación: Royma Cañas
Imagen de portada: Gorki Águila
Diseño de colección y portada: Herman Vega Vogeler
Corrección y maquetación: Editorial Hypermedia

ISBN: 978-1-948517-71-3

BREVÍSIMA HISTORIA DEL HAMBRE EN CUBA

Para sus primeros pobladores, Cuba debió distar mucho de ser el paraíso alimentario que luego ha recreado la imaginación popular. Ese indígena somnoliento al que le basta estirar la mano para comerse un mango es tan irreal como los mangos, que no aparecieron en la Isla hasta ser introducidos desde Asia, mucho después de la conquista española. «Estos indios se alimentaban de productos naturales», afirmaba escuetamente Ramiro Guerra en su *Historia elemental de Cuba* (1922), sugiriendo que los guanahatabeyes eran una suerte de protohípsters cuando su realidad alimentaria era bastante más árida. Lo que, en mi opinión, se acerca más a la experiencia guanahatabey es el relato que hace en *Naufragios* el explorador español Álvar Núñez Cabeza de Vaca, cautivo de indígenas de la Florida con hábitos de consumo muy similares a los de los aborígenes cubanos. Sometido a la misma dieta esporádica de sus captores en el librito de apenas un centenar de páginas, Cabeza de Vaca menciona la palabra «hambre» 47 veces.

La introducción de la agricultura por parte de los taínos debió hacer algo más estable la alimentación en la Isla; al menos todo lo estable que puede serlo una cuya base sea el casabe. En todo caso, no lo sería por mucho tiempo, pues no mucho más tarde llegaron los españoles. Estos, junto a un desconocido repertorio de violencias y enfermedades, venían acompañados por niveles de consumo que la frágil agricultura taína apenas podía sostener. Si bien la introducción de especies europeas ayudó a diversificar la dieta cuando estas arraigaron en la Isla, ya era demasiado tarde para los taínos y hasta para algunas taínas.[1]

En los dos primeros siglos de colonización europea, la agricultura de la Isla fue sobre todo de subsistencia, cuando no se usaban los excedentes para comerciar con las flotas que año tras año fondeaban en la bahía habanera o con los contrabandistas que merodeaban el resto de las costas cubanas. El sistema de la plantación esclavista instaurado a cabalidad en la segunda mitad del siglo XVIII sería el responsable de reventar esta dinámica comparativamente apacible y de reemplazarla por otra que de alguna manera perdura. A partir de la Revolución haitiana —con el país volcado a la producción de azúcar para aprovechar el vacío dejado por el principal productor mundial hasta entonces—, el súbito enriquecimiento de la Isla trastornó las relaciones con la tierra.

El crecimiento exponencial de la mano de obra esclava y el empleo de cada vez mayores extensiones de tierras en el cultivo de la caña de azúcar transformaron tanto el sistema productivo como los patrones de consumo en Cuba. Según el historiador Manuel Moreno Fraginals:

> El boom de 1792 se caracterizó por el abandono, hasta límites increíbles, de todas las actividades que no tuviesen un fin azucarero, directo o indirecto. [...] Los campesinos abandonaron sus cultivos para ir a cortar caña donde les pagaban 3 reales por carretada de 80 @ (920 kg), que representaba un salario superior a las utilidades que pudieran obtener con sus cultivos.

Con la mayor parte de la fuerza laboral —tanto esclava como libre— entregada a la producción de azúcar y con los altos precios alcanzados por esta, se hacía más barato

---

[1] En estudios genéticos realizados entre la población cubana se revela que 33% de los linajes maternos son de origen nativo americano, mientras los linajes aborígenes paternos son prácticamente inexistentes.

importar harina, arroz, tasajo o bacalao que producir en la propia isla los alimentos necesarios para alimentar la amplia masa esclava. Fue entonces que se fijaron ciertas constantes que se repiten hoy: la importación masiva de alimentos para la subsistencia y la popularización del arroz como base de la alimentación nacional.

La increíble riqueza azucarera de entonces fue incapaz de evitar brotes de hambruna como los que estallaron en Cuba en medio de la guerra entre la Francia revolucionaria y el resto de Europa, y la consiguiente parálisis del comercio internacional. Se dio un fenómeno que luego se repetiría: con tal de cumplir los objetivos de la élite en el poder, el resto de la población era perfectamente sacrificable.

A mediados de 1799 el capitán general tuvo que reconocer que los precios habían subido escandalosamente y que el pan que se comía en La Habana estaba hecho con harina podrida. El informe del recién llegado marqués de Someruelos es impresionante. Pero la situación más dura se confrontó en los ingenios. Con motivo de la guerra escaseó el tasajo y el bacalao. Los negros subalimentados fueron sometidos a las interminables tareas de 20 horas diarias y murieron por millares en los campos. El médico Francisco Barrera y Domingo, que presenció esta etapa de aniquilamiento, dejó terribles descripciones de los ingenios azucareros cubanos en 1797. En su análisis sobre las enfermedades de los negros señaló como fundamentales las provocadas por la falta de alimentos. Y reconocía que de no ser por el guarapo y las cañas «morirían de pura necesidad por el hambre». La primera Danza de los Millones era trágica danza de miseria en las clases humildes.

Durante el siglo xix los episodios de hambre colectiva vendrían asociados con las guerras de independencia. Si la Guerra de los Diez Años que se iniciara en 1868 asoló el este del país, la que se inició en 1895 y concluyó en 1898 envolvió a toda la isla y tuvo consecuencias aún más catastróficas. De una población de millón y medio, murieron por hambre —y por enfermedades asociadas a esta— entre 150 000 y medio millón de personas; o sea, entre una décima parte y un tercio de la población. La mayoría de estas muertes se atribuyen a la llamada Reconcentración ordenada por el capitán general Valeriano Weyler que, con el objetivo de restarle apoyo a los insurrectos, hizo desplazar a la población campesina hacia las ciudades. Tal medida provocó la hecatombe que le ganó a Weyler el descriptivo apodo de Carnicero. No obstante, se insiste en que incluso antes de que este ocupara el puesto de capitán general, el propio Ejército Libertador ya había aplicado su propia versión de la reconcentración prohibiendo la cosecha azucarera y el traslado de alimentos a las ciudades bajo control español. El historiador John Lawrence Tone comenta que el jefe independentista Máximo Gómez

> era consciente de que el Ejército Libertador no podía vestir, alimentar o proteger, ni mucho menos armar, a decenas de miles de cortadores de caña y otros trabajadores y a sus familias, que quedarían desamparados con el hundimiento de la economía. No todos podrían unirse a la insurrección: la mayor parte huiría a los pueblos y las ciudades, donde se convertirían en un problema para los españoles. Sus únicas opciones serían emigrar o morir de hambre. En el verano de 1895, muchos de los habitantes rurales de los alrededores de Manzanillo y otras localidades de oriente se refugiaron en los no muy acogedores brazos de los españoles, simplemente porque no tenían otra opción.

Debido a la política de la tea incendiaria aplicada por las tropas insurgentes, los campesinos se vieron

> obligados a elegir: dirigirse hacia las colinas con los insurgentes o huir a las zonas controlada por los españoles. Los que elegían esta última opción se convertían en

tutelados del Estado español. Esto beneficiaba a Gómez, ya que los refugiados constituían un problema para los españoles, menoscabando sus recursos y ofreciendo ante la prensa mundial un espantoso espectáculo de hambre y muerte. Era así como los depauperados refugiados contribuían a la liberación nacional.

Aunque excepcional, este proceso bélico sentó precedentes de cómo responder a la disyuntiva entre el bienestar social y la intransigencia política.

Llegada la República, el desajuste creado por el monocultivo del azúcar y la dependencia de la importación de alimentos seguía lastrando la economía nacional. Gerardo Machado, mandatario entre 1925 y 1933, creyó encontrar la solución a ambos problemas con la construcción de la carretera central: una vía de comunicación a lo largo de todo el país que facilitaría el comercio interno y estimularía la producción local de alimentos en sustitución de los importados.[2] La idea de estimular el mercado local no era mala, pero el *crack* de 1929 y la depresión subsiguiente aunadas con la deuda creada por el gigantesco plan de obras públicas de Machado y los modos autoritarios y brutales de este condujeron a una crisis económica y política que quedó asociada en la memoria alimentaria de la nación con la harina de maíz y el boniato hervido como ingredientes principales del hambre machadista.

En 1940, la crisis institucional de la década anterior intentó solventarse con la avanzada Constitución promulgada ese año. En su artículo 90, el texto aprobado proscribía el latifundio y prescribía que las leyes futuras limitaran «la adquisición y posesión de la tierra por personas y compañías extranjeras», y que se adoptaran «medidas que tiendan

---

[2] Eso explica aquellas líneas de *La mujer de Antonio,* la famosa canción de Miguel Matamoros: «Malalengua, tú no sigas // hablando mal del Machado // que te ha puesto allí un mercado // y te llena la barriga».

a revertir la tierra al cubano». Fue precisamente el reclamo de crear y aplicar una Ley de Reforma Agraria el mascarón de proa de la revolución de 1959. La ley de ese año redujo la tenencia de la tierra a un máximo de 30 caballerías (402,6 hectáreas), eliminando el latifundio privado pero creando a su vez uno aun mayor: el del Estado, que de momento se adueñaba de 40% del total de la tierra cultivable. Dicho latifundio se extendió todavía más con la aprobación de la segunda Ley de Reforma Agraria del 3 de octubre de 1963 que, al confiscar toda propiedad superior a las cinco caballerías, amplió el latifundio estatal a 70% de la tierra cultivable.

Estas medidas, junto a otras como la instauración del Servicio Militar Obligatorio o el traslado de buena parte de la población que habitaba en el área de operaciones de las guerrillas anticastristas en el centro del país, llevaron a un vaciamiento de las zonas rurales y a una crónica falta de mano de obra para el cultivo del latifundio estatal. Desde entonces, daba igual que las movilizaciones del régimen fueran penitenciarias o educativas: casi todas envolvían algún tipo de faena agrícola. Fueron pocos los cubanos que en aquellas décadas eludieran trabajar en la agricultura, ya fuera a través de las UMAP, el EJT, las ESBEC, los IPUEC, las BET o cualquier otro producto de la fértil imaginación del sistema para idear siglas.

En el discurso del 17 de mayo de 1977, dieciocho años después de proclamada la primera Ley de Reforma Agraria, Fidel Castro dejaba claro que los objetivos de aquella no habían sido ni «facilitar el surgimiento y extensión de nuevos cultivos» ni elevar «la capacidad de consumo de la población» como se anunciaba en el preámbulo de dicha ley. Tampoco era distribuir la tierra entre los jornaleros, pues eso

habría sido un retroceso, porque a aquellos obreros los habríamos transfigurado de obreros, de proletarios, en campesinos: les habríamos puesto en sus manos grandes riquezas, para ser propietarios de una producción de la cual dependería el país.

Si las riquezas del país debían concentrarse, sería en las manos del Estado. Si en 1959 el objetivo había sido acabar con el latifundio privado, hacia 1977 el régimen se proponía eliminar la pequeña propiedad campesina sobre la tierra: «algún día nuestro país no tendrá minifundios, porque el latifundio es malo y el minifundio también», anunciaba un Castro convencido de que «la agricultura estatal es, teórica y prácticamente, la forma más elevada de producción».

En los años posteriores, las granjas estatales solo pudieron mantener una apariencia de funcionalidad gracias a los enormes subsidios soviéticos en maquinarias, combustibles y fertilizantes, y al inagotable triunfalismo de la prensa oficial. Las tímidas aperturas del llamado «mercado libre» en el que los campesinos vendían sus excedentes se alternaban con represiones cíclicas contra los llamados intermediarios y especuladores.

La desaparición de la Unión Soviética terminó evidenciando el espejismo de una agricultura funcional y en los años 90 el hambre se hizo asunto masivo e indisimulable. Por mucho que culpara al embargo estadounidense, alguna idea tendría el Gobierno de cuál era la causa de la hambruna cuando, en medio de la crisis, entregó en usufructo parte de la tierra que había confiscado décadas atrás a los campesinos y los autorizó a vender el sobrante de su producción.

De esa etapa viene también el inicio de la práctica disolución de la industria azucarera —apenas sustituida con la industria turística y la de las remesas del exterior—, con lo que el país perdió parte de su capacidad de importar alimentos sin alcanzar a reemplazarlos por la producción local. En el único ramo en el que la producción estatal se multiplicó, como demuestra este libro, es en el de investigaciones que trataban de hacer parecer la hambruna de los 90 una suerte de experimento médico para eliminar la obesidad en la población cubana.

Sin embargo, el sistema cubano sigue confiando más en conseguir nuevos subsidios —como los concedidos por el régimen chavista— que en permitir que, con la liberalización del sector agropecuario, se hagan fuertes y prósperos sectores que a la larga escapen a su control. Esa combinación de rigidez administrativa, terquedad ideológica y obsesión por el control político, económico y social es la receta perfecta para nuevas hambrunas. Como se demuestra en los capítulos finales de este libro, la producción y distribución de alimentos se concibe en Cuba menos como manera de asegurar el bienestar de la población que como modo de controlarla.

Como en la conocida fábula de Stalin y la gallina, no es necesario preocuparse mucho por alimentar a la pobre ave. Basta con que se la desplume para que, desamparada, acuda obediente a quien le ofrezca unos cuantos granos, sin importar que sea quien mismo la condujo a ese estado. Entre las posibilidades de este libro está la de ser una ilustración detallada de dicha fábula.

ENRIQUE DEL RISCO

INTRODUCCIÓN

La alimentación en Cuba no es un elemento más de la cotidianidad en la sociedad. Desde 1959, la administración y control del Estado sobre la economía, así como dos períodos de desabastecimiento severos, han modificado rituales, percepciones, ejercicios y aspiraciones alrededor de la comida. Los discernimientos que comúnmente regulan la libre elección en la alimentación, como la religión, la ética alimentaria, las dietas o los afectos y gustos se han diluido sobre la base del acceso más elemental, sobre el complejo ejercicio de proveer en un país donde se come lo que se puede y no lo que se quiere. Es hoy, más que un elemento de deleite, uno de estrés, incertidumbre e impotencia. Esto puede constatarse en los rituales diarios para localizar, comprar, trocar o revender productos básicos; en la jerarquía familiar a la hora de conseguir, elaborar y distribuir la comida; en los tipos de concertaciones morales y hasta de lenguaje, entre otras formas de comunicación en torno al consumo; en las posturas vulnerables que perpetúan los cubanos con la pretensión de no perder los derechos alimentarios que aún les quedan.

Desde una perspectiva Estado-centrista, la alimentación en Cuba está instalada en una estructura de exclusión, marginación y dominación disimulada en varios mitos fundadores de la cosmovisión revolucionaria. Al mismo tiempo que en la Isla se habla de sostenibilidad y soberanía alimentaria, se importa 70% de los alimentos que se consumen. Mientras se celebra el proceso de Ordenamiento y se insiste en una economía de distribución controlada, se duplica la inflación y la arbitrariedad monetaria,[1] y las personas pierden cada vez más acceso a productos básicos y de sostenimiento familiar. La comida es, entonces, una forma de control político, de (re)distribución y mantenimiento de una indefensión aprendida donde los cubanos destinan la mayor parte de su tiempo en conseguir algo comestible para llevar a la mesa.

Las gratuidades ya no son una moneda de cambio, existe un fraccionamiento social que se extiende cada día y en paralelo, una mayor percepción social de que no existe voluntad gubernamental para buscar soluciones reales. En consecuencia, son cada vez más visibles las formas inconscientes de justicia redistributiva, las formas de concertación, negociación y contestación a las políticas alimentarias del Estado en espacios alternos, tanto en las colas para comprar alimentos como en las redes para avisar de los surtidos. La comida es, por tanto, política, social, económica y culturalmente, el tema primero de la vida del cubano.

El presente libro pone en perspectiva varias de estas cuestiones, tanto desde el imaginario político como desde las representaciones sociales que lo cuestionan. Las investigaciones que se compilan agrupan los resultados del primer año de investigación de Food Monitor Program, un programa

---

[1]   A lo largo de este libro, el lector encontrará referencias a diferentes monedas en Cuba. Los pesos cubanos, la moneda con la que se paga los salarios a los trabajadores estatales, es llamada "moneda nacional" (MN) o "pesos" (CUP). Más tarde, en 1994, el Banco Central de Cuba introdujo la segunda moneda oficial en la Isla, el "peso convertible" (CUC), que existió hasta el 1 de enero de 2021, cuando fue eliminado como parte del programa de unificación monetaria que emprendió el Gobierno. Finalmente, a finales de 2019, el gobierno cubano adoptó un nuevo mecanismo para absorber divisas, las tiendas con pago exclusivo en "moneda libremente convertible" (MLC), de uso único en Cuba y que corresponde a lo que los expertos denominan "dólar bancario". Muchos aducen que el MLC no es propiamente una nueva moneda, sino divisas extranjeras en cuentas bancarias, tratándose, por tanto, de un eufemismo para evitar el reconocimiento de la dolarización que está ocurriendo en el país.

dirigido a observar y analizar la alimentación en Cuba en todas sus aristas y expresiones, para debatir las causas y efectos de la inseguridad alimentaria en la Isla. Los trabajos parten de diferentes ángulos y metodologías, ofreciendo conclusiones realistas que exponen y cuestionan el discurso monolítico de la administración cubana referente a la alimentación.

El primer capítulo, «Soberanía y seguridad alimentarias: Una revisión de las narrativas cubanas», aporta una mirada introductoria a los principales conceptos en torno a seguridad y soberanía alimentarias, entre otros ejes conceptuales derivados. El texto busca mostrar el papel de esta literatura especializada, durante los últimos quince años, en aras de determinar cambios en los conceptos y en la forma en la que los autores los definen. La investigación encuentra tendencias al uso para promover etiquetas como cooperativas, agroecología, reforma agraria y embargo, como temáticas que se han mantenido a la hora de abordar aspectos sobre la alimentación en Cuba desde la academia extranjera. Un dato relevante es que los estudios donde se han utilizado estas etiquetas, aunque han tenido distorsiones teóricas en comparación con principios internacionales en otros casos de estudios, han priorizado en Cuba una legitimación y promoción de las políticas alimentarias, así como sus justificantes en su administración, sin aludir en sus investigaciones a las precariedades reales del pueblo.

El segundo capítulo, «Género y seguridad alimentaria: El papel de la mujer cubana en la alimentación familiar», se ocupa del vínculo entre género y seguridad alimentaria para mostrar el desbalance que afecta y diferencia mayormente a la mujer en la precarización del entorno cubano. El texto ofrece apreciaciones sobre el rol de la mujer en contextos de crisis, exponiendo, además, las cargas adicionales asignadas por cuestiones de género, el incumplimiento de compromisos que al respecto había hecho el proceso revolucionario, así como la violencia institucional en torno al derecho a la alimentación. Se explica que la violación de este derecho afecta de manera diferenciada a las mujeres, que suelen llevar

21

la mayor parte de la carga familiar. Para ello realiza una representación demográfica con el fin de exponer la división sexual del trabajo con consecuencias en las ocupaciones de las mujeres cubanas. Propone, entonces, un enfoque sobre «la feminización de la pobreza» donde, aunque las mujeres son imprescindibles en la producción de alimentos, son más propensas a padecer desnutrición.

El tercer capítulo, «La espera como forma de control social: una lectura de la situación de distribución de alimentos en Cuba», se enfoca en las prácticas destinadas a conseguir alimentos en la Isla, analizando los ejercicios para su acceso y el cúmulo de tiempo que se destina para ello. El texto examina la espera desde las teorías de Hannah Arendt y Javier Auyero como una forma de desgaste y control social. La investigación se nutre, además, de entrevistas a personas de la sociedad civil realizadas por Food Monitor Program que aportaron información sobre cuánto tiempo destinaron para comprar estos, en la que la mayoría coincidió ocupar más de 24 horas a la semana para adquirir alimentos básicos, en ocasiones en períodos de espera de un día para otro. El capítulo toma esta información para concluir que el desabastecimiento y las colas han derivado en una cultura de espera donde los cubanos pagan con su tiempo lo que no pueden pagar con dinero. Una forma peculiar de hostigamiento que mantiene la aspiración social en un escaño inmediato, el de la comida, evitando mayores elucubraciones políticas que serían incómodas o peligrosas al *status quo*.

El cuarto capítulo, «Somos lo que comemos: identidad alimentaria en la Cuba post-90», investiga las formas en que se ha negociado el agotamiento político ante la precarización de los alimentos, así como la percepción constante de improvisación y sobrevivencia en torno a la comida. El texto expone que los contextos de crisis y desabastecimiento en Cuba han sido el marco tanto para configurar el imaginario en torno a la comida como para proyectar las frustraciones políticas de un país que, desde los años 90, ha comido lo que «ha podido» y no lo que «ha querido». El trabajo parte de un marco conceptual desde la seguridad alimentaria con perspectiva cultural para entender los recursos y gestiones cívicas de una generación que ha experimentado sistemáticamente una precarización alimentaria extrema en su experiencia de vida, también procesa un grupo de entrevistas a la sociedad civil realizadas por Food Monitor Program sobre los ejercicios de resiliencia e inventivas que realiza la población en medio de las precariedades actuales. Por último, evalúa las prácticas sociales cotidianas que incluyen improvisación, resistencia, redistribución, comparadas entre los dos picos de inseguridad alimentaria en Cuba: tras la caída del campo socialista y durante la pandemia de COVID-19.

El quinto capítulo, «Encontrando el humor en medio de la crisis», utiliza una forma peculiar del cubano para responder críticamente al imaginario político, el choteo, que presenta como una forma de resistencia naturalizada por la población. El texto analiza estas expresiones «subversivas» como formas lúdicas con las que se negocia la cotidianidad en la Isla. Mediante un análisis crítico del discurso de diferentes expresiones del imaginario colectivo: chistes y bromas en la crisis del Período Especial y memes de la crisis de la Coyuntura y la COVID 19, expone que, sin reflexionar sobre las luchas o los problemas, sus causas y posibles formas de resolución, los cubanos buscan eliminar las preocupaciones de la atención inmediata y se centran en cosas positivas y cuestiones sobre las cuales se tiene mayor control. De este proceso han surgido prácticas de desahogo en torno al acceso de comida como una forma popular de «desconectar». Afirma, además, que cada una de estas modalidades logra convivir y fortalecerse entre sí como parte de una infrapolítica que ha servido como forma de sobrevivencia a las distintas crisis por las que la población cubana ha tenido que vivir.

1

SOBERANÍA Y SEGURIDAD ALIMENTARIAS: UNA REVISIÓN DE LAS NARRATIVAS CUBANAS

La seguridad alimentaria es entendida como el estado en el que los individuos tienen garantizado el acceso físico, económico y social a los alimentos para satisfacer sus necesidades y garantizar su bienestar, según la FAO (1996) y el INCAP (1999). Este concepto está estrechamente relacionado con la soberanía alimentaria, la cual, aunque muchas veces suele confundirse, se define como el derecho de las naciones o pueblos para determinar sus políticas de alimentos en cuanto a su producción y suministro dependiendo de sus necesidades (FAO, 2011; Vía Campesina, 2003). En este sentido, ambos conceptos apuntan a garantizar un acceso equitativo de alimentos en términos de calidad y cumplimiento del mínimo de calorías requeridas para un desarrollo eficiente.

Así, el presente capítulo busca mostrar el papel de la literatura sobre seguridad y soberanía alimentarias durante los últimos quince años, en aras de determinar cambios en los conceptos, la forma en la que los autores los definen y la importancia del estudio de estos en el período seleccionado. El texto se estructura a partir de una bibliometría que permite dar cuenta del estado de la literatura y el impacto que esta ha tenido en los estudios de Cuba. Posteriormente, se dividen estos dos conceptos en tres categorías, teniendo en cuenta los temas que más impacto presentan. Por último, se revisan los textos más citados y su relación en las categorías que componen los ejes de seguridad y soberanía alimentarias.

Para desarrollar la bibliometría, tomamos la literatura acerca de los postulados académicos que se han abordado sobre la seguridad y soberanía alimentarias, aplicados al caso cubano desde la instauración de la Revolución en la década de 1960. En primer lugar, se realiza una búsqueda de textos en la base de datos de Scopus con los siguientes criterios de búsqueda: «seguridad_alimentaria_cuba» y «soberanía_alimentaria_cuba», organizando por el número de citas en los documentos publicados en los últimos quince años. Posteriormente, se buscan los artículos más citados en la plataforma Google Scholar y se seleccionan aquellos con un contenido más relevante y relacionado con los temas de estudio.

La literatura académica ha tenido un aumento en el interés frente a la temática de soberanía alimentaria en Cuba, como evidencia el Gráfico 1, que muestra crecimiento exponencial desde 2010, aproximadamente, cuyo punto de mayor alcance se da en 2021. Lo anterior, no solo en términos de producción literaria, sino también

Gráfico 1. Distribución de citas en la categoría soberanía alimentaria (2008-2021).

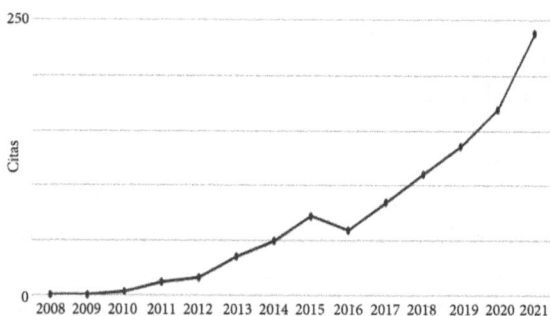

Fuente: Tomado de Scopus (2022).

en el aumento de las citas en los documentos, investigaciones científicas, artículos, capítulos y libros donde se presenta la situación actual de las políticas agrarias y alimentarias que se han venido asumiendo. Esto refleja la importancia asumida por parte de diferentes estudiosos para avanzar en la investigación de dicha temática desde 2015 hasta la actualidad.

Sumado a la descripción anterior, no solo es importante mencionar cuál es el comportamiento que han tenido las citas en términos de su crecimiento durante los últimos quince años. También se agregan los niveles de cita de cada uno de los períodos para comprender los avances que presentaron. Por ejemplo, en 2008 y 2009 no se obtuvo ninguna cita relacionada con documentos en Scopus que atribuyeran teóricamente una revisión a la soberanía alimentaria, a diferencia de 2010, cuando se citaron en tres investigaciones que analizaban el avance de la producción local y el turismo en Cuba a finales de la década de 1990, así como las medidas de comercio frente a la producción agrícola.

Para 2013, el número de citas aumentó a 35, con textos sobre casos de varios países de América Latina, en particular América Central —por ejemplo, Nicaragua—. Esto demuestra la importancia de la política y las reformas del autor hacia Cuba para explicar e interpretar los procesos que han tenido lugar en otros países vecinos en el siglo xx. Para 2015, habían crecido a 72 textos; 84 en 2017; 110 en 2018; 169 en 2020; y, finalmente, alcanzó su punto máximo en 2021, con 240 (Gráfico 1). La presentación del último año abordó la diversificación agrícola, el desarrollo sostenible de las cadenas agrícolas basadas en la educación y otras perspectivas revisionistas relacionadas con las políticas tanto globales como locales de gobernanza alimentaria y defensa de la soberanía en esta materia. Cabe resaltar que la mayoría de estas publicaciones provienen de universidades estadounidenses que en los últimos años se han dedicado a investigar estos fenómenos en Cuba.

29

Ahora bien, cuantificar las citas sobre el tema, no explica *per se* la importancia que este ha cobrado en los diferentes documentos producidos a nivel académico. Por tanto, es imperante identificar cuál ha sido el comportamiento en materia de elaboración y publicación de diferentes investigaciones en las ciencias sociales de corte científico, así como material bibliográfico con el suficiente rigor propio para ser estudiado y analizado. Así, el Gráfico 2 esboza el recorrido de la temática en los últimos años, mostrando los momentos en los cuales la soberanía alimentaria en Cuba ha cobrado mayor importancia para los académicos y aquellos en que su influencia ha sido menor, en materia de producción literaria.

Gráfico 2. Producción académica por años
sobre soberanía alimentaria en Cuba (2010-2021).

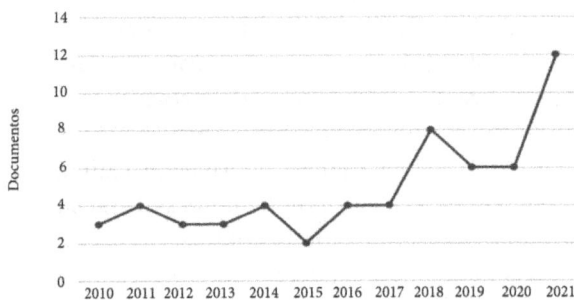

Fuente: Tomado de Scopus (2022).

De los Gráficos 1 y 2 se puede inferir que durante los últimos años ha crecido la tendencia no solo a producir artículos referidos a la soberanía alimentaria en Cuba, sino también a citarlos en otras investigaciones comparativas, análisis de casos y de rastreo para ver los avances de la Isla en esta materia. Con relación a los artículos publicados, se identifica una particularidad: la información contenida en Scopus data de 2010, año en el que se publican tres artículos relacionados con la participación de los agricultores frente a una incipiente reconfiguración económica que se estaba generando en Cuba y en otros países como Nicaragua. Asimismo, se estudió el avance en materia de agroecología y su impacto en la soberanía alimentaria a partir de indicadores que daban cuenta de la alimentación de los cubanos.

Para 2011, se muestran cuatro publicaciones sobre la soberanía alimentaria dentro de los cuales se presentan referentes teóricos corporativistas que estudian movimientos como la ANAP y su papel en la construcción de la agricultura campesina. De ellas, el libro de agricultura urbana sostenible en Cuba escrito por Koont (2011), citado en más de 26 oportunidades por diferentes investigaciones.

En términos generales, se nota una tendencia a mantener un promedio de cuatro documentos por año hasta 2017, cuando aumenta la producción literaria.

En 2018, la producción de documentos académicos que estudiaron la soberanía alimentaria creció el doble, con relación al comportamiento del año anterior. Algunos de los referentes teóricos más destacados se enfocaron en dar cuenta de la apropiación y uso de la tierra en la Isla como aspecto fundamental en la conocida transición agrícola cubana. En este año, además, se publicó uno de los primeros artículos que analizó políticas agrarias, seguridad y soberanía alimentarias, así como los avances nutricionales de manera comparativa; lo cual marcó conceptualmente una distinción interesante entre lo que concibe como dos categorías fundamentales del proceso alimentario cubano, que no son excluyentes en sí.

Finalmente, en 2021, Scopus plantea que la producción de documentos estuvo enmarcada en 12; de los cuales diez corresponden a artículos de investigación y los dos restantes son libros. Dentro de algunos de estos textos se destacan las investigaciones que analizaron las agroecologías emancipadoras y el avance, creación y establecimiento del campesinado, entre otros. Por su parte, los libros aluden a la producción urbana de comida en el marco de un ecosocialismo, así como el peligro o crisis de extinción de diferentes productos agrícolas.

Además, se puede indicar que en las búsquedas para esta categoría a través de Scopus se refleja una serie de datos interesantes que complementan la importancia que ha cobrado en la literatura académica. En primer lugar, más de 70% de los artículos responde a textos científicos, seguidos por libros, revistas y, en una proporción menor, capítulos de libros. En segundo lugar, Estados Unidos, México, Brasil, España y Cuba —la Isla con un poco menos de la cuarta parte de la producción académica de Estados Unidos con relación a la temática— son los cinco primeros países en los que se centra la producción. En tercer lugar, predominan las ciencias sociales, que abarcan casi 50%, seguidas de ciencias ambientales, humanidades, economía, entre otras.

La revisión individual de cada uno de los artículos ayuda a analizar aquellos más útiles en términos de la seguridad y soberanía alimentarias en Cuba desde su profundidad, causas y análisis histórico. A partir de los resultados de la Tabla 1 se seleccionaron diez textos por cada categoría desde Scopus, poniendo especial énfasis en los artículos académicos que presentaron un número similar referente al total de citas. Tal como se evidencia, los resultados en cuanto al número de publicaciones en ambos conceptos son muy similares, con una diferencia de seis documentos entre seguridad y soberanía alimentarias.

Tabla 1. Documentos por criterio de búsqueda y categoría.

Criterio	Artículo	Capítulo de libro	Libro	Reseña	Total
Soberanía alimentaria	60	3	10	4	77
Seguridad alimentaria	62	5	8	8	83

Fuente: Elaboración propia.

Con respecto a la categoría de soberanía alimentaria, en primer lugar, se toma el artículo «Agroecology as a territory in dispute: between institutionality and social movements», de los autores Giraldo & Rosset (2018) —uno de los más citados en la temática (Tabla 2)—, quienes, a pesar de no escribir directamente sobre el caso cubano, realizan un acercamiento a la agroecología y la forma en la que los países adaptan este sistema a sus culturas. Este nuevo mecanismo permite que los países puedan aumentar su productividad sin tener que acceder a tecnología o químicos agresivos. Los autores también sugieren que, a través de la adopción de este modelo, la población se convierte en un objetivo para reeducar y ser convertidos en profesionales que prestan servicios agroecológicos. Por esta razón, Cuba ha intensificado sus políticas públicas en la creación y fortalecimiento de granjas urbanas, donde hay apoyo a nivel educativo tanto en adultos como niños, además de mejorar los índices de productividad de acuerdo con datos del régimen.

Por otro lado, Koont, en su libro *Sustainable Urban Agriculture in Cuba* (2011), sugiere que la transición que ha tenido la Isla en el área de la agricultura ha sido exitosa, aunque ha debido someterse a muchos altibajos que han afectado a su población a nivel económico, alimentario y de salud. Asimismo, un factor que se encuentra generalizado por los autores es la culpabilidad del embargo de Estados Unidos a través de la Ley Torricelli, promulgada por George Bush en 1992. De acuerdo con el autor, la disminución en la importación de alimentos y medicamentos favoreció el ingenio de los cubanos, quienes modificaron el enfoque de productividad en la Cuba, utilizando mecanismos ecológicos de plantación, producción, control de plagas, entre otros. Este aspecto es ampliamente considerado en la soberanía alimentaria, ya que se afectan diversos sectores en la sociedad cubana, desde los países hacia el Estado y desde el régimen hacia su población.

En aras de avanzar en la comprensión y el estado del arte acerca de la soberanía y la seguridad alimentarias en Cuba —siendo este el objetivo de la presente investigación—, se

Tabla 2. Artículos más citados en los últimos quince años sobre seguridad alimentaria en Cuba.

Documentos		Citas Total	<2018	2018	2019	2020	2021	2022	Subtotal	>2022	Total
			234	69	83	98	163	10	423	0	657
Bounded rationality and policy diffusion: Social sector…	2009		115		2				2		117
Agroecology as a territory in dispute: between institutional…	2018			9	21	21	45	3	99		99
Sustainable livelihood approach: A critique of theory…	2013		26	17	14	17	20	2	70		96
The idea of food as commons or commodity in academia…	2017		1	8	8	7	7		30		31
Sustainable urban agriculture in Cuba	2011		10	5	2	5	3		15		25
Unexpected Cuba	2014		7	3	6	4	4		17		24
Whose Food Footprint? Capitalism, Agriculture…	2012		16	3		1	2		6		22
Afro-diasporic seasonings food routes and dominican place…	2011		11	1	2	1	5	1	10		21
Food Insecurity of Children and Shame od Other Knowing…	2016		3	1	5	4	7		17		20
Accuracy of a predisctive bio-electrical impedance analysis	2015		3	2	5	6	4		17		20

Fuente: Recuperado de Scopus (2022).

adelanta una revisión en la fuente bibliográfica de Scopus. A partir de esta herramienta, se aborda una búsqueda dividida en dos líneas: por un lado, dirigida a identificar la producción académica acerca de soberanía alimentaria; por otro, lo que se ha escrito hasta la fecha referente a seguridad alimentaria en la Isla. Lo anterior se toma como divisiones en categorías, pues garantiza una mayor cobertura de los textos, así como un estudio diferenciado debido a la importancia que toman tales conceptos a la hora de referirse a la alimentación de la población cubana.

Seguridad alimentaria

En términos prácticos, la seguridad alimentaria alude a la alimentación de calidad, segura, con estándares de calidad y nutrición que debe garantizarse a la población. Sin duda alguna, es un tema que guarda una estrecha relación con la soberanía alimentaria, por lo cual comparten documentos a la hora de efectuar la búsqueda e indagación a través de la base de datos bibliográfica de Scopus.

En el Gráfico 3 se presenta el desarrollo en los últimos catorce años acerca de las citas frente a los textos de seguridad alimentaria contenidos en la base bibliográfica consultada. Se puede entonces observar, en la pendiente positiva, una tendencia creciente en la academia a analizar los avances propios de la temática de seguridad alimentaria en Cuba. Mientras 2008 iniciaba con 7 citas, 2009 llegaba con 18 referencias, con un crecimiento de más de 100%, en las cuales se analizaban temas como política social, liberalización económica, reformas —incluidas las laborales—, entre otros.

A partir de 2009, el crecimiento no es tan marcado como sí lo fue entre 2008 y ese año, pues se mantienen en un promedio de 23 citas hasta 2015, cuando se ve nuevamente un aumento sustancial con cerca de 42 citas en documentos que estudian las políticas de emancipación en América Latina, las mejores prácticas adoptadas por pequeños granjeros en la Isla, acceso abierto a la seguridad alimentaria y la equidad en salud, el papel que empiezan a tener los corporativismos o las asociaciones de actores en la arena social, política e incluso económica, así como la sustentabilidad en la agricultura mediante métodos multicriterios, como definen algunos autores.

Gráfico 3. Comportamiento de las citas
sobre seguridad alimentaria (2008-2021).

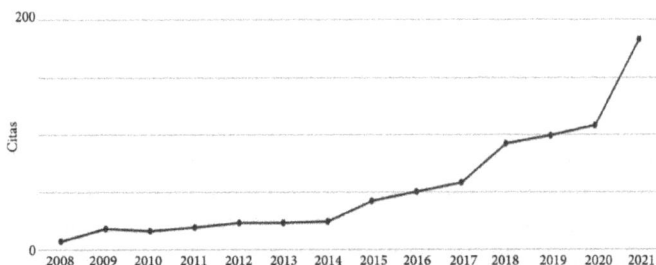

Fuente: Tomado de Scopus (2022).

En los años siguientes se sigue evidenciando un crecimiento de más de 25% anual en las citas de documentos referidos a la seguridad alimentaria en Cuba, destacándose 2018 con 92 referencias. Así, hasta llegar al pico máximo en 2021 —cuyo comportamiento es igual al observado en la categoría de soberanía alimentaria—. En ese año se mencionó la importancia de trasladar las políticas de agroecología como elementos emancipadores que dieron un rol trascendental al campesinado no solo en Cuba, sino en diferentes países de la región.

Debido al alto número de citas en 2021, resulta importante mencionar que, de ellas, 154 correspondieron a artículos científicos, 11 a revisiones, 4 a capítulos de libro y la misma proporción a libros. Asimismo, la agroecología fue entendida en este período como la variable o temática preferida a indagar por los investigadores en los temas relacionados con seguridad alimentaria; incluidos los análisis comparativos entre algunos Estados de la región que han compartido características agrarias con Cuba en diferentes momentos.

Por otra parte, dentro de la categoría de seguridad alimentaria se considera fundamental el hecho de poder dar cuenta no solo del crecimiento en materia de citas relacionadas con esta categoría, sino presentar también los avances en la producción académica. De tal modo, es posible reportar el estado que ha tenido dicha categoría, en los últimos años, para los diferentes investigadores; así como comparar brevemente —pero sin restarle importancia— los acercamientos a la soberanía y seguridad alimentarias.

Es por ello que la base de datos Scopus permite rastrear, desde 1996, los documentos referidos a seguridad alimentaria en Cuba. En ese año, se publicó un artículo de investigación orientado a visibilizar la situación medioambiental cubana, enfocándose principalmente en lo que puede ser entendido como un desarrollo sustentable, que años más tarde sería una de las temáticas clave a la hora de abordar la seguridad y la soberanía alimentarias.

No obstante, no sería hasta 2004 que Scopus volvería a registrar nuevos documentos de producción académica, con el capítulo de un libro que explicaba de manera precisa la transición económica de Cuba.

Sin embargo, ya en 2007, con la publicación de dos artículos y una revisión, se empiezan a marcar los avances en el estudio acerca de la seguridad alimentaria. En diferentes documentos se presentan la transformación y producción de los productos agropecuarios que se generaban en el país, así como una mirada del papel que podía llegar a tener la agricultura orgánica en el desarrollo y garantía de la seguridad alimentaria de los ciudadanos.

Posteriormente, se presenta una disminución hasta llegar a cero en 2010; que iría luego creciendo con una producción de cuatro textos sobre la sostenibilidad agrícola desde los años 90 hasta la primera década del siglo XXI.

Asimismo, de acuerdo con el Gráfico 4, se puede notar que los años de mayor producción de documentos referentes a la seguridad alimentaria en Cuba corresponden a 2016 y 2020.

Gráfico 4. *Producción académica referente a seguridad alimentaria (2011- 2021).*

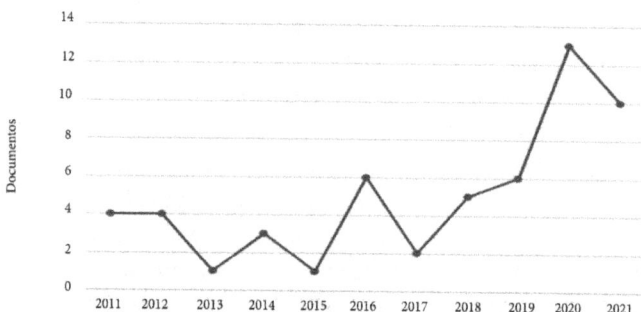

Fuente: *Tomado de Scopus (2022).*

En 2016 se registran seis textos referidos a la inseguridad alimentaria de niños y adolescentes, así como estudios antropológicos comparativos de la alimentación en diferentes países. De igual manera, se presenta un artículo sobre la transición agrícola cubana y la seguridad alimentaria escrito por Riera & Swinnen —citado en más de siete investigaciones debido a las aproximaciones teóricas consignadas.

Por su parte, en 2020 se alcanzó la mayor producción con trece documentos; de los cuales, diez corresponden a artículos de investigación, un capítulo de libro, un artículo de una conferencia, así como una revisión. Dentro del abordaje que se hace a partir de esta categoría en dicho año, cobra relevancia la relación que se empieza a plantear en términos de inmigración e inseguridad alimentaria. También se analiza el papel que tuvo la transición agroecológica en aras del mejoramiento de la seguridad alimentaria en Cuba; sobre todo el papel que empezó a jugar el corporativismo o la asociación de pequeños agricultores en el país con el ánimo de mejorar las condiciones de vida. Se hace un llamado especial a los elementos de composición de la seguridad alimentaria (estabilidad, utilización, acceso y disponibilidad), que tendrán un papel positivo en el desarrollo de una agricultura más sostenible con el medio ambiente, segura y que debería permitir atender las necesidades de seguridad alimentaria, en línea con alimentos nutritivos, que suplan las necesidades de la población.

Para finalizar, cerca de 68% de los textos responden a artículos científicos, seguido de revisiones, libros y capítulos, en los cuales predomina el estudio de las ciencias sociales, la economía y la agricultura, sobre las demás áreas de estudio. Además, podría mencionarse que los países en los cuales se registra el mayor número de producción académica referente a la seguridad alimentaria responden a Estados Unidos, Cuba, México, España y Reino Unido. A nivel comparativo, se puede indicar que la categoría de seguridad, frente a la de soberanía, es más preponderante en Cuba, casi en la misma proporción que en Estados Unidos.

De cada documento se toman los más citados para el concepto de soberanía alimentaria. Se selecciona, en primer lugar, «The Campesino-to-Campesino Agroecology Movement of ANAP in Cuba: Social Process Methodology in the Construction of Sustainable Peasant Agriculture and Food Sovereignty», de P. M. Rosset *et al.* (2011), con 233 citaciones a lo largo de los últimos quince años (véase Tabla 3). En este artículo, los autores se acercan a la función que ha representado el sector agrícola en la estabilidad económica y social en Cuba, a raíz de las implicaciones directas que han tenido el embargo estadounidense y el colapso de la URSS en el bienestar alimentario de la Isla; razones estas por las que el pueblo cubano tuvo que adaptar los mecanismos planteados por

Tabla 3. *Artículos más citados en los últimos quince años sobre soberanía alimentaria en Cuba.*

DOCUMENTOS	Año	CITAS TOTAL	<2018	2018	2019	2020	2021	2022	SUBTOTAL	>2022	TOTAL
(TOTAL)			327	110	135	170	236	6	657	0	984
The Campesino-to-Campesino agroecology movement of ANAP	2011		98	36	25	29	44	1	135		233
Diálogo de saberes in La Via Campesina: food sovereignty	2014		45	16	18	19	31	2	86		131
Bringing agroecology to scale: key drivers and emblematic	2018			6	21	32	44	1	104		104
Grassroot Voices: Re-Thinking agrarian reform, land and	2013		27	12	12	4	11		39		66
Food sovereignty and alternative paradigms to confront land	2011		43	7	6	6	1		20		63
A spot od coffee in crisis: Nicaraguan smallholder coopera	2010		24	3	3	7	4		17		41
Mediated territorialy: rural workers and the efforts to sc	2017		2	4	9	5	11		29		31
Agroecology and the development of indicators of food sovere	2010		16	2	4	3	4		13		29
Agroecology and La Via Campesina I. The symbolic and mater	2019				2	6	17	1	26		26
Sustainable urban agriculture in Cuba	2011		10	5	2	5	3		15		25

Fuente: Recuperado de Scopus (2022).

la ANAP. Este proceso se llevó a cabo de manera efectiva, pues se lograron reemplazar algunos sistemas de producción al implementar la agroecología en el diario de los productores de alimentos agrícolas.

Por otro lado, «Diálogo de saberes en la vía campesina: soberanía alimentaria y agroecología», de Martínez-Torres y Rosset (2014), se encuentra en segundo lugar de los más citados, con un total de 131 referencias en los últimos quince años. Este artículo realiza un acercamiento al surgimiento de La Vía Campesina, considerada como la voz de los pequeños agricultores durante más de treinta años. De acuerdo con los autores, La Vía Campesina fue creada por un grupo de campesinos latinoamericanos que luchaban por defender sus prácticas agrícolas tradicionales y los derechos sobre sus tierras de las grandes empresas agrícolas. La fuerza del movimiento radica en su diversidad al estar integrado no solo por campesinos, sino también por mujeres, pueblos indígenas, pescadores, grupos de jóvenes rurales y ambientalistas que promueven la acción colectiva y la implementación de la agroecología como mecanismo alterno a la agricultura tradicional con químicos y maquinaria. En el caso cubano, el fortalecimiento de La Vía Campesina ha permitido que la población tenga una garantía sobre su seguridad y soberanía alimentarias, en tanto se asegura que los productores, al menos, tengan acceso al mínimo de alimentos requerido para ejercer sus actividades.

Definición de categorías y conceptos

Mediante la revisión de artículos científicos, libros, capítulos de libros y otros estudios relacionados, se categorizan los temas a resolver según el eje soberanía alimentaria y seguridad alimentarias. En la primera fase, se encuentra que los textos analizados señalan tres tendencias: cooperativas, agroecología y reforma agraria. La segunda fase, a su vez, incluye:

embargo, inequidad e ingesta calórica. Con ello, se espera esclarecer el debate entre los autores que critican al régimen cubano por no brindar el derecho a la alimentación al pueblo y los que apoyan al Estado bien sea por la creación de granjas estatales «para asegurar alimentación y trabajo», como por la justificación de la baja ingesta calórica a causa de los bloqueos económicos con otros países. Los textos para esta revisión fueron seleccionados en Scopus y Google Scholar, tomando los textos con mayor relevancia y número de citas.

La presente revisión de la literatura abarca de manera diacrónica el estado de la seguridad y de la soberanía alimentarias en Cuba. De esta forma, a partir de las seis categorías establecidas sobre las cuales giran estas dos temáticas, se da cuenta de la evolución alimentaria de la población en la Isla, así como las políticas agrícolas que se han tomado en los últimos años para garantizar este aspecto como el derecho que tienen. Las investigaciones consultadas realizan un barrido de las últimas seis décadas, momento en el cual se registran los cambios más significativos en el país, luego del triunfo de la Revolución, en 1959.

Soberanía alimentaria

La soberanía alimentaria enmarca el derecho que tienen los pueblos para definir su política agraria y alimentaria, por lo cual, además de implementar políticas que faciliten el abastecimiento de alimentos nutritivos, saludables y sostenibles, también deben tener el poder de tomar decisiones informadas en su sistema de producción de alimentos, teniendo en cuenta el estado mental y la salud de su población como lo exponen Guethón & Torres (2014). En este sentido, la falta de organización en la producción agrícola en cooperativas y granjas desde la Revolución, impuesta por el Estado cubano, generó una dependencia en las importaciones de alimentos en los años siguientes.

En el concepto de soberanía alimentaria se abordan las categorías «reforma agraria», «agroecología» y «cooperativas». En primer lugar, la reforma agraria se entiende como el proceso mediante el cual se redistribuye la tierra entre quienes la trabajan; siendo uno de los primeros pasos de la Revolución cubana para desarticular los latifundios desde 1959. Por su parte, la agroecología se define como una forma de agricultura sostenible que promueve los procesos ecológicos y la biodiversidad. Este tipo de agricultura se utiliza actualmente en Cuba como una alternativa a las prácticas agrícolas convencionales que dependen, en gran medida, de productos químicos y pesticidas; sin acceso estos a causa de los bloqueos económicos. Por último, se definen las cooperativas como una forma de «negocio», donde las personas trabajan juntas para su propio beneficio y no para un empleador o por cuenta propia. En Cuba, las cooperativas se han utilizado desde la década de 1960 como incentivo para que la población produzca los alimentos que tienen un mayor índice de exportación, con el fin de generar ingresos para el Estado.

Teniendo en cuenta las definiciones de estas categorías, se clasifican los textos, determinando la afinidad de cada uno con las categorías, en la Tabla 4:

Tabla 4. Cantidad de textos por categoría (soberanía alimentaria).

CATEGORÍA	TOTAL DE DOCUMENTOS SELECCIONADOS
Reforma agraria	6
Agroecología	13
Cooperativas	6

Fuente: Elaboración propia.

Reforma Agraria

Autores como Angelo (2017) y Savić y Nešković (2018) realizan una revisión histórica desde la década de 1940, exponiendo el tipo de soberanía alimentaria en el país: pequeños agricultores de azúcar, cuya producción se destinaba a la exportación. Estas familias, dedicadas a la producción de azúcar, años más adelante se verían afectadas por la llegada de la Revolución y la privatización de tierras por parte del régimen tras la adopción de diversos cambios en el sistema. En 1959 se promulgó la primera Ley de Reforma Agraria, que trajo consigo grandes cambios como la eliminación de latifundios y expropiación de tierras con una extensión mayor a los 1 000 acres. A partir de ese momento se crearon granjas estatales y cooperativas para que las familias cubanas iniciaran labores de agricultura.

Dicha Reforma tuvo lugar entre 1959 y 1963, y abarcaba en su mayoría temas económicos y agrónomos, aumentando el número de granjas y cooperativas, además de nacionalizar las tierras de pequeños y medianos campesinos. Asimismo, se adoptaron medidas para aumentar la productividad, utilizando combustibles fósiles y el número de tierras para sembrar. La exportación de azúcar se convirtió en la mayor fuente de divisas para el país; sin embargo, al depender del comercio exterior, Cuba comenzó a verse afectada por cambios políticos y económicos de los países con quienes tenía intercambios comerciales. Los resultados no fueron los esperados dado los intereses económicos de los trabajadores cubanos en las cooperativas, por lo que el Estado continuó expropiando las cooperativas e incentivando la conformación granjas estatales que garantizaran el ingreso de dinero por exportaciones al gobierno cubano.

Para este período, la producción representó entre 60%-80% del total de alimentos en el país (Thiemann y Spoor, 2019)— y, aunque hubo un crecimiento del cooperativismo y la agricultura en los grupos familiares durante los años 60, no fue suficiente para asegurar la alimentación de los cubanos, quienes se vieron afectados desde el período de la Revolución al no ingerir, la mayoría de la población, las suficientes calorías para tener una vida sana, provocando un aumento en el número de enfermedades y muertes. El régimen define este período como un compromiso con la comunidad, ya que las cooperativas debían verse como un objeto social no lucrativo, sino de retribución y ayuda con la Revolución, además de aportar a la garantía de la seguridad alimentaria. Los problemas con este tipo de comercio empezaron a notarse aún más, por lo que Fidel Castro inició el proceso de sustitución de importaciones en el período 1963-1967, fracasando y retornando a un desarrollo basado en importaciones en 1968.

Según lo establecido por algunos autores, entre las décadas de 1970-1980 hubo una expansión del comercio y el desarrollo económico en Cuba al predominar un abastecimiento integral; es decir, suficiencia y estabilidad de los suministros básicos, cumpliendo con las recomendaciones internacionales. Sin embargo, este modelo de seguridad alimentaria perduró hasta 1991, garantizando el acceso a los alimentos a través del suministro básico por racionamiento (comedores obreros y consumo social) para mantener una estabilidad en la población; pese a que el régimen cubano esperaba tener un equilibrio de la distribución de alimentos. No obstante, con la desintegración de la Unión Soviética ese mismo año, la dolarización de la economía cubana a partir de 1993 y la elevada tasa de cambio, aumentaron los niveles de inequidad en la distribución de ingresos de los ciudadanos, fomentando la pobreza y escasez.

Se evidencia, por tanto, que, por más de seis décadas, Cuba se ha mantenido en un ciclo problemático de altos porcentajes de importación de alimentos, generándose así dependencia, con una seguridad temporal y una violación a la soberanía alimentaria a largo plazo (Angelo, 2017; M. García, 2011).

Desde la década de 1990, con el colapso de la Unión Soviética, Cuba comenzó a desarrollar la última fase de la reforma agraria al fomentar la diversidad en la agroecología, de modo que se han reducido los monocultivos y ha aumentado el número de tierras dispuestas por el régimen para la constitución de cooperativas. En este nuevo ciclo, el Gobierno ha pretendido superar la crisis alimentaria a través de una reforma agrícola que promueve la reagricultura para evitar la dependencia de químicos y mecanismos donde se requiera el uso de combustibles fósiles. De acuerdo con P. Rosset, la «reforma agrícola sostenible» se ha convertido en un movimiento social nacional que promueve la agroecología para fomentar la producción nacional de alimentos y mejorar las condiciones de seguridad y soberanía alimentarias (2011, 2013).

Cooperativas

La propiedad cooperativa es entendida como la producción agrícola que, a su vez, puede ser significativa en el desarrollo social de Cuba si se dan autonomía económica, facilidades de crédito, mercados cooperativos, el catastro de tierra y el fomento de la producción estratégica. Autores como Campi *et al.* (2021) y Díaz (2020) sugieren la creación de un Observatorio de Seguridad Alimentaria y Nutrición, ya que Cuba no cuenta con un sistema de monitoreo de alimentación nacional y no se encuentran actualizados los datos publicados por el Plan de Soberanía Alimentaria y Nutricional. A través de este plan se tomarían ejemplos de países que cuentan con cadenas de producción, estudiando y asegurando la diversidad en el suministro de alimentos en la ciudadanía. Por último, Pérez (2020) expone que es necesario que la población tenga un nivel mínimo de alfabetización para mejorar la productividad en el sector agrícola, ya que algunas tareas requieren procesos de comunicación y conocimiento de conceptos de agricultura.

En materia de soberanía alimentaria, y teniendo en cuenta la Reforma Agraria, Acosta Morales (2020) y Duffy *et al.* (2017) explican el surgimiento de las cooperativas en Cuba en el período de 1959 a 1961 con un objeto social no lucrativo, sino de compromiso con la comunidad y centrándose en la producción agrícola, como un mecanismo de abastecimiento y aumento de la producción para exportación, ya que el principal alimento cultivado era el azúcar, representando entre 70%-80% de las exportaciones en el país. Consecuentemente, se generaron grandes retos en el régimen, ya que surgieron problemas con la seguridad alimentaria al cambiar de modo radical la forma de producción y consumo que la población tenía hasta el momento. Soares *et al.* (2020) manifiestan que, al garantizar la seguridad alimentaria de una población, se deben asumir esfuerzos importantes porque se engloban cambios en el sistema alimentario y puede ser una estrategia no sostenible a largo plazo, como se ha evidenciado en la Isla. Por otra parte, aunque autores como Acosta Morales (2020) mencionan la pertinencia de implementar estilos de vida saludables y con bajo impacto ambiental, con la Reforma Agraria de 1959 se empezaron a gestar problemas más grandes que desembocaron años más tarde en el racionamiento de alimentos.

A causa de la inestabilidad económica y social vivida en Cuba desde la década de 1990, el régimen estableció como uno de los objetivos de la política nacional la garantía de la seguridad alimentaria, basada en el fortalecimiento de la tenencia de la tierra y el cambio de la estructura de su uso (reforestación, promoción de la agricultura urbana, desarrollo de energías renovables y aumento en el uso de tracción animal), además de implementar los manejos integrados de plagas, de la nutrición y de cuencas hidrográficas (Acosta Morales, 2020). Se resalta en este punto que las nuevas medidas contribuyen al desarrollo del plan de agricultura al ser mecanismos no necesariamente vinculados con la importación de productos, lo cual es una de las principales problemáticas del país dado los altos costos y los bloqueos económicos que perduran.

Estas últimas medidas han implicado una reeducación de la población sobre la agricultura en zonas urbanas, donde el régimen explica las formas de mantener los cultivos y las alternativas «ecológicas» en el uso de fertilizantes, pesticidas y maquinaria. Koont (2011) afirma que esta teoría ha sido exitosa en provincias como Pinar del Río y Matanzas, donde se han aumentado los niveles de biodiversidad y se ha asegurado la alimentación de la población. Por ello, la creación y/o adaptación de las cooperativas en el territorio cubano han logrado reducir la necesidad de importación de alimentos e insumos, fomentando el autoconsumo y un acceso más rápido de los alimentos a los ciudadanos. Sin embargo, una problemática que se presenta en las cooperativas es la falta de incentivos a los trabajadores, quienes producen y obtienen el mínimo de recursos. No existe, por tanto, un sentido de pertenencia y no todos los agricultores trabajan de la misma forma, lo cual genera un conflicto entre la población y el régimen.

A partir de la revisión bibliográfica se ofrece una visión comparativa de los textos; específicamente, desde la categoría de cooperativas se encuentra el documento de Bacon (2010), quien, a través del caso nicaragüense, explica la revolución, la implementación de la reforma agraria y las cooperativas que surgieron en el país como causa de este proceso. Bacon manifiesta que las cooperativas tuvieron un gran crecimiento, lo cual favoreció a la población al reducirse los índices de analfabetismo y redistribuirse las tierras. Sin embargo, en aras de modernizar la agricultura e implementar nuevos mecanismos, el Gobierno desplazó y ejerció violencia contra grupos indígenas que se ubicaban en determinadas zonas del país; lo cual generó una problemática mayor al interior del territorio, proliferando la aparición del conflicto armado y la defensa por parte de la población rural.

Agroecología

A favor del gobierno cubano, Amador y Peña (1991) y Guethón y Torres (2014) exponen que, en la década de 1990, la

48

capacidad de producción y exportación en Cuba se redujo exponencialmente, provocando problemas a nivel económico y de agricultura. Los agricultores debieron pensar en nuevos mecanismos de siembra y recolección a través de la agroecología, lo que logró disminuir la afectación de suelos y contaminación en el país. No obstante, la adopción de estas medidas fomentó la escasez de alimentos —quizás el aspecto que más generó impacto durante el Período Especial—; las cuotas mensuales de racionamiento a menudo no proporcionaban la mitad de la cantidad de alimentos necesarios, lo que generó desde este momento choques entre el Estado y la ciudadanía por la violación a la soberanía alimentaria y la inseguridad en cuanto a la disposición de alimentos según lo planteado por Duffy *et al.* (2017). Todas estas problemáticas surgentes por la agronomía e inseguridad alimentaria, además de ser orquestadas por el régimen, eran justificadas incluso en conferencias internacionales:

Si se quiere salvar a la humanidad de esa autodestrucción, hay que distribuir mejor las riquezas y tecnologías disponibles en el planeta. Menos lujo y menos despilfarro en unos pocos países para que haya menos pobreza y menos hambre en gran parte de la Tierra. No más transferencias al Tercer Mundo de estilos de vida y hábitos de consumo que arruinan el medio ambiente. Hágase más racional la vida humana. Apliquese un orden económico internacional justo. Utilícese toda la ciencia necesaria para un desarrollo sostenido sin contaminación. Páguese la deuda ecológica y no la deuda externa. Desaparezca el hambre y no el hombre (Castro, F., 1992).

Al disolverse la Unión Soviética, las importaciones se redujeron, incluyendo la falta de combustible, lo que produjo escasez y crisis alimentaria al no poder utilizarse la maquinaria para uso agrícola. Por eso, años más tarde, y para combatir el impacto económico tras el embargo y el período de escasez y hambruna, Cuba redireccionó su plan de alimentación y producción, pasando a la «agroecología», donde se evita el uso de maquinarias y químicos agronómicos. Duffy *et al.* (2017) resaltan que, si bien las condiciones del subsuelo son favorables para la industria, la mayoría de los alimentos son importados, lo que perpetúa la inseguridad alimentaria por la incapacidad de importar el alimento suficiente para toda la población cubana que no logra abastecerse con la producción interna.

Savić y Nešković (2018) destacan que, tras el colapso del socialismo europeo, la escasez alimentaria y económica consumieron el «éxito» que había prevalecido por tantos años en el desarrollo agrícola tras la Revolución en 1959. La recuperación de estos efectos y sus consecuencias es un tema de la agenda aún sin resolver. Los autores consideran de gran importancia la capacidad de la agricultura cubana para restablecer exportaciones, sustituir importaciones y aumentar la seguridad alimentaria de la población; debe promoverse un nuevo modelo agrícola que supere las carencias y contradicciones del modelo histórico. Consecuentemente, Bautista-Robles *et al.* (2020) manifiestan que uno de los mecanismos para combatir la inseguridad alimentaria es la adopción de la agricultura, con cultivos destinados al consumo familiar. Se mitigan problemas relacionados con enfermedades por uso de pesticidas, problemas de malnutrición en población vulnerable e incluso la falta de alimentos, tal como se manifiesta en las comunidades rurales de Quintana Roo en México.

Además, como consecuencia del patrón de migración interna a lo largo de los años, 75% de todos los cubanos vive en áreas urbanas y son principalmente personas que compran alimentos en lugar de producir, ejerciendo presiones adicionales sobre una mano de obra agrícola ya agotada. Las recientes reformas radicales en la agricultura, el uso de la tierra y las políticas de mercadeo tienen como objetivo corregir el suministro insuficiente, exagerado y errático de frutas y verduras en las ciudades cubanas y, al mismo tiempo, aumentar los alimentos producidos de manera local para reemplazar los costosos bienes importados (Soulary-Carracedo, González-Ortiz y Soulary-Carracedo, 2021). Por tal razón, el Decreto Legislativo No. 259 («Entrega de tierras estatales ociosas en concepto de usufructo») fue reformado y complementado por el No. 300/2012, con el objetivo de introducir la libre explotación de una parte de la superficie de tierras improductivas. Esta medida, a su vez, estuvo acompañada por políticas fiscales y crediticias favorables, lo que llevó a la creación de nuevos productores en las zonas rurales con el objetivo de recuperar la producción de alimentos (Rodríguez, 2018; Val *et al.*, 2019).

Actualmente, la provincia de Cienfuegos es la que presenta un mayor avance en la adopción de la agricultura sostenible, convirtiéndose en una unidad educativa para las comunidades que desean adoptar estas prácticas. Al ser sostenible, producen sus propios alimentos y crían sus propios peces, lo cual disminuye costos de producción y evita una dependencia de la importación de productos con precios mucho más elevados (Acosta y Sánchez, 2019). No obstante, siguen presentándose inconvenientes a nivel estructural y de vulnerabilidad que generan problemas en el establecimiento de una seguridad alimentaria eficaz. Además, Soulary-Carracedo, González-Ortiz y Soulary-Carracedo (2021) manifiestan que en Cuba existe una ineficiencia productiva debido a la ineficiencia a la hora de utilizar la producción, así como una baja oferta de bienes y servicios dirigidos a la población.

Por último, es importante resaltar que la implementación de la agroecología como una alternativa ecológica frente a la producción de alimentos también sirve como mecanismo para lograr los Objetivos de Desarrollo Sostenible de las Naciones Unidas. En su texto, Mier *et al.* (2018) exponen la importancia de los actores y las iniciativas han manejado grupos como La Vía Campesina frente a la promoción agroecología por más de veinte años. No obstante, la agroecología no es suficiente para construir la soberanía alimentaria en Cuba, ya que, de acuerdo con Reardon y Pérez (2010), se requiere un fuerte compromiso con los principios agronómicos del país, no solamente la producción de los alimentos para exportación, sino el bienestar en primer lugar de la comunidad cubana mediante la garantía al acceso de alimentos y la predominancia de la soberanía alimentaria en cada una de las provincias.

Seguridad alimentaria

Ahora bien, desde el apartado de seguridad alimentaria, se realiza una búsqueda de textos en Google Scholar, donde se seleccionan 24 documentos que se subdividen en las categorías: ingesta calórica, embargo e inequidad, que permiten explicar el impacto de la seguridad alimentaria en Cuba desde la llegada de la Revolución (Tabla 5).

Tabla 5. Cantidad de textos por categoría (seguridad alimentaria).

Categoría	Total de documentos seleccionados
Ingesta Calórica	11
Embargo	5
Inequidad	8

Fuente: Elaboración propia (2022)

Ingesta calórica

Los cambios en la economía cubana en el período de 1989 a 1993 tuvieron un impacto negativo en el estado de salud y nutrición de la población, afectando índices como bajo peso en recién nacidos, aumento de muertes por enfermedades infecciosas, muerte de adultos mayores por bajo nivel nutricional, entre otros (Botella, 2019). Durante esta etapa, los cubanos no disponían de frutas ni verduras, ya que estas solo estaban disponibles en determinadas épocas, por lo que debían sustituirse por otro tipo de alimentos. En su mayoría, los alimentos consumidos eran arroz, azúcar y mantequilla, convirtiéndose en los proveedores de energía-calorías. Gran número de ciudadanos no tenían acceso a las tres comidas diarias mínimas, lo que generó problemas a nivel de salud y nutrición. Tras la agudización de esta situación, el régimen estableció el Programa Nacional de Alimentación y Nutrición (1988) para crear hábitos alimentarios adecuados.

Según los datos proporcionados por el gobierno cubano desde 1988 y los publicados por la FAO desde 1991, los niveles de seguridad alimentaria en Cuba se mantuvieron bajos por la entrada del Período Especial. Esta gran crisis económica, desde el colapso de la URSS, provocó una disminución excesiva de la ingesta de calorías diarias de los cubanos, encontrándose por debajo del requerimiento mínimo diario (Álvarez, 2004). Aunque el régimen determina que la época de crisis estuvo casi exclusivamente vinculada a la caída del campo soviético, González (2007) destaca que Cuba ya tenía problemas a nivel de seguridad alimentaria, pues los ingresos por exportación solo dependían del cultivo de azúcar y no eran suficientes para satisfacer las necesidades de la población.

Autores como Rodríguez (2018) y Botella (2019) exponen que, tras la crisis alimentaria de 1993, los cubanos se vieron obligados a disminuir su ingesta calórica a menos de 2 400 calorías diarias, con consecuencias en la salud y la nutrición. Poco tiempo después, esta disminución llegó a 1 860 calorías aproximadas, lo que llevó a que Cuba perdiera beneficios de los países aliados al CAME y se redujeran las importaciones hasta 40%. No obstante, el régimen cubano requirió menos de diez años para estabilizar nuevamente la alimentación de los ciudadanos desde 1993. Poco después, la FAO determinó que el problema alimentario en el país afectaba a menos de 5% de la población, por lo que los niveles de inseguridad alimentaria no eran altos como en el resto de América Latina y el Caribe.

Los retos de Cuba a nivel alimentario han sido persistente. Aunque la crisis alimentaria que redujo la ingesta calórica de los ciudadanos se recuperó entre el período de 1996-2000 —por lo cual la Isla recibió un reconocimiento. al haber logrado «garantizar» sus políticas alimentarias la seguridad alimentaria—, cuatro años después hubo una reducción significativa en la producción nacional de alimentos por daños en los cultivos tras un huracán y posterior sequía. McPherson (2018) afirma que, desde ese momento, se aumentaron los niveles de importación de alimentos, bajando la producción nacional porque no había recursos ni forma de producir. Los cubanos entonces elevaron su dependencia a la agricultura familiar porque el Estado no proveía lo suficiente para subsistir, adaptándose a nuevos mecanismos de producción, el regreso a la tracción animal y el uso de «pesticidas» naturales.

Por su lado, Martínez-Torres y Rosset (2014) sugieren que dentro de la agroecología se atacan problemáticas como la inseguridad alimentaria, dado que se crean rutas de acceso a las tierras productivas, fomentando el autoconsumo y erradicando la dependencia a la importación de alimentos. Es en este punto que la seguridad y la soberanía alimentarias empiezan a jugar un papel determinante al complementarse entre sí. En el caso cubano, debido al bajo consumo de ingesta de calorías de la población a inicios de la década de 1990, el Estado comenzó a contraatacar la problemática a través del fortalecimiento de cooperativas y granjas estatales que favorecieron el acceso de viandas mediante la producción de sus propios alimentos.

Cuba no posee una base de datos actualizada sobre la alimentación en el país, por lo que no hay una constante sobre lo que realmente viven los habitantes; se debe recurrir entonces a fuentes no gubernamentales que permiten obtener una visión más cercana de lo que allí pasa. Así, resulta pertinente citar a Marte (2011), quien, en su artículo sobre las diásporas dominicanas en New York, muestra la forma en la que las culturas se adecuan frente al acceso de alimentos, formando rutas de comida, redes sociales y establecimiento de mercados autóctonos. Esto es algo que podría decirse que, de algún modo, se vive al interior de la Isla, buscando volver a la nutrición saludable; si bien no la que ofrece el país mediante la libreta de racionamiento y el ofrecimiento de productos ultra procesados porque, desde lo económico, no pueden acceder a una alimentación adecuada (Soares *et al.*, 2020).

Inequidad

De acuerdo con lo plasmado en el Índice Global del Hambre, Cuba está entre los países con niveles más bajos en hambruna; sin embargo, esta información pierde credibilidad cuando se contrasta con denuncias por parte de la población cubana, la cual afirma que hay inseguridad alimentaria. Aunque la Isla posee un sistema de alimentación «autosuficiente» gracias a la creación de programas nacionales de acceso a alimentos y uso de la agricultura, estos han sido problemáticos porque no suplen el mínimo necesario de una dieta. No ha existido estabilidad en términos de ingesta calórica desde el período de la Revolución. Los mayores cambios se evidenciaron después del Período Especial, cuando se aumentó el cooperativismo y agricultura en núcleos familiares; si bien esto no ha sido suficiente, pues muchos cubanos pasan hambruna o no tienen la ingesta suficiente de calorías para tener una vida sana (Botella *et al.*, 2017).

R. Pérez (2009) expone que el comercio minorista incluye alimentos que son distribuidos por fabricantes y/o distribuidores a través de la venta directa al público para satisfacer las necesidades de los consumidores, proporcionando el consumo racionado a través de la libreta de abastecimientos, artículos de dieta y otros adicionales dentro de la red minorista de productos que no se encuentran abastecidos por el régimen. Las asignaciones de consumo para cada familia tienen un alcance en general, aunque se hace salvedad de algunos artículos solo destinados a determinados grupos etarios, como es el caso de la leche: los niños de 0 a 6 años obtienen el equivalente a un litro de leche al día.

Desde el punto de vista del régimen cubano, la alimentación y nutrición son pilares en el Plan de Desarrollo Económico y Social, pero realmente no ha habido un actuar que permita que la población no sufra de hambruna y desnutrición; sobre todo en poblaciones vulnerables como ancianos, mujeres y niños. Además de estos sectores, los desempleados y los trabajadores por cuenta propia son los grupos que poseen las tasas más altas de violencia relacionada con la inseguridad alimentaria y desigualdad de género en términos de rol como de violencia y poder familiar. Y aunque la mujer tiene un papel importante en la alimentación, por llevar la responsabilidad de obtener y preparar los alimentos, es quien presenta mayores problemas al enfrentarse a la violencia de género, estando expuesta en mayor medida a la violencia por parte de las autoridades y su familia. Asimismo, hay un aumento de la inseguridad alimentaria, pues las mujeres suelen ceder su alimento a hijos y esposos cuando hay escasez de comida (Vara-Horna, 2021).

La falta de alimentos por parte del Estado ha sido consecuencia de la falta de vías de acceso, escasez de bienes y poca frecuencia en actividades de venta y distribución, que no permiten que los cubanos tengan garantizado su derecho a la alimentación, presentando carencias a nivel de salud y hambruna. Adicionalmente, factores internos de los núcleos (familias disfuncionales, envejecimiento de la población, entre otros) aumentan los riesgos de caer en una seguridad alimentaria deficiente (Domínguez-Ruiz y Soler-Nariño, 2020;

Martínez, 2020). Por esta razón, como se estableció en los planes del régimen para combatir la inseguridad alimentaria, se implementó el Proyecto de Innovación Agropecuaria Local, donde se han creado diferentes grupos para la producción en diversos campos y mejorar el rendimiento a nivel de agricultura. Estos GIAL se encuentran constituidos por agricultores de diversas fincas y cooperativas, quienes se encargan de mejorar la metodología de producción agrícola y, a su vez, contribuir a la soberanía y seguridad alimentarias (Guevara Reyes *et al.*, 2019).

Se estima que los altos precios que prevalecen en los mercados libre campesino, junto con el resto de los gastos en alimentación, suponen más de 70% de los ingresos de los hogares. Esta relación es socialmente dañina; sobre todo para las familias de bajos recursos, al suponer una amenaza para los valores protegidos por el proyecto socialista cubano y conducir al aumento de la corrupción y las actividades delictivas (García y Cruz, 2021). Asimismo, hay una vulnerabilidad en el sector femenino, donde entra en vilo la igualdad de género. Las mujeres deben asumir roles por herencia cultural que van desde el cuidado, el trabajo, la cocina, hasta el deber de conseguir los alimentos y hacer filas de horas en los almacenes.

Embargo

Al hablar de embargo se mantiene una postura de defensa a las acciones tomadas por parte de Estados Unidos desde la década de 1960; nombrado por los defensores del régimen cubano como «bloqueo económico».

Por ejemplo, autores como Álvarez (2004) y Bourne (1998) manifiestan que la problemática que aún afecta a Cuba tuvo origen en el embargo comercial de Estados Unidos al país en 1961, fomentando problemas de salud y nutrición de los ciudadanos por la baja importación de alimentos y medicamentos, entendiéndose como una violación a los Derechos Humanos por parte de este país. Si bien el embargo ha sido fuertemente criticado por la comunidad internacional a lo largo de los años, la restricción a alimentos y medicamentos ha desatado la mayor furia contra Estados Unidos, ya que se considera una grave violación de los Tratados Internacionales de Derechos Humanos. Durante mucho tiempo se había creído que estas sanciones socavaban los abusos contra los derechos humanos en Cuba; no obstante, la sumatoria de estos hechos generaron contrariedades en la esfera nutricional de la población cubana, afectando índices como el bajo peso en recién nacidos, aumento de muertes por enfermedades infecciosas y la muerte de adultos mayores a causa del bajo nivel nutricional, entre otros.

Con el colapso de la Unión Soviética, Cuba tuvo que implementar un modelo de desarrollo «interno» entre 1990-2008, basado en la reforma estructural, la sustitución de importaciones, la descentralización, la flexibilización de la estructura productiva y un impacto específico en el sector agrícola. Sin embargo, aún se mantienen las mismas problemáticas que llevaron a la crisis de los años 90, ya que el crecimiento impulsado por el comercio internacional no ha logrado eliminar su dependencia histórica y excesiva de las exportaciones de azúcar. Cuba ha pasado de un comercio prerrevolucionario totalmente dependiente de Estados Unidos a una dependencia comercial de los países del COMECON (Morris, 2014).

La dependencia de importaciones en Cuba ha generado una problemática que permanece durante décadas, tal como sugieren Amador y Peña (1991), y Botella (2019). Y, si bien presentó una de las mayores crisis alimentarias en 1993, de acuerdo con informes de la FAO, en 2007 el país se había recuperado por completo, e incluso aumentó el consumo hasta posicionarse en el más fuerte de América Latina con 3 200 calorías diarias por persona. No obstante, los datos registrados en los informes sobre alimentación en la Isla son diferentes a los que proporciona la población, pues, extraoficialmente, se conoce que algunos individuos no pueden realizar siquiera las tres comidas principales. Asimismo, el «lavado de cerebro» que realiza el régimen frente a la instauración y fortalecimiento de las cooperativas termina convirtiéndose en un daño a largo plazo (Wallace y Kock, 2012). Respecto a esto, los autores manifiestan que el detrimento ecológico por el usufructo permanente de la tierra para el autoconsumo y exportación terminará afectando la tierra y eliminando la supuesta agricultura autosostenible que el régimen ha nombrado.

Conclusiones

En el contexto de la alimentación, la soberanía es un estado de «autogobierno» y autonomía en el que las personas que viven en una determinada nación o región tienen control sobre sus sistemas alimentarios, incluida la producción y distribución. Paralelamente, el concepto de seguridad alimentaria ha existido durante décadas, pero en los últimos años se ha definido y entendido de manera más amplia en relación con el hambre mundial. En particular, se refiere al acceso que tienen las personas a suficientes alimentos asequibles y nutritivos que satisfagan sus necesidades y gustos dietéticos. Es allí donde Cuba presenta sus principales retos, ya que, desde la imposición de la Reforma Agraria, la población empezó a presentar decadencia frente al acceso de alimentos, ingesta de calorías y libertad de consumo. Lo que los cubanos tenían en su mesa desapareció y llegaron períodos de escasez que desembocaron, tres años más tarde, en una libreta de racionamiento.

Referente a las categorías en las cuales se dividieron los conceptos de seguridad y soberanía alimentarias, se identificó que la literatura está mayormente encaminada a definir la agroecología, ya que esta se ha convertido en una alternativa para incentivar la producción agrícola mediante el uso de pesticidas naturales, tracción animal y mecanismos de cosecha natural, evitando la dependencia de insumos importados. Por otro lado, la categoría de embargo es la que menos información presenta en los documentos revisados, con apenas cinco textos. Los dos más importantes hablan sobre la influencia de Estados Unidos en el embargo impuesto a Cuba, desde donde se fomentaron las precariedades a nivel alimentario y de salud. Cabe resaltar que estos dos documentos presentan una posición de favorecimiento al régimen, dado que se cuestiona la forma en la que los países exportadores generaron bloqueos como forma de hacer frente a la situación que estaba aconteciendo en la Isla.

La seguridad y soberanía alimentarias han presentado grandes cambios desde la llegada de la Revolución cubana al poder en 1959. Medidas como la Reforma Agraria para la creación de cooperativas y granjas comunitarias han dejado en claro que el Estado es quien tiene total dominio de todos los campos a nivel nutricional y económico; de tal modo que, cuando esta falla, los ciudadanos no pueden actuar, viéndose gravemente afectados, tal como sucedió en la crisis de 1993 y se ha mantenido hasta la actualidad. A pesar de que el régimen muestra supuestos avances en el desarrollo de la producción agrícola a través de la reeducación de la población, en realidad no hay una seguridad alimentaria; lo que producen las granjas no es suficiente para suplir las necesidades de los ciudadanos y mantener los niveles de exportación que aseguran los ingresos económicos en el país.

Después de realizar la revisión de la literatura con los textos seleccionados en Scopus y Google Scholar, se evidencia que no hay una alusión a los sacrificios de la población en términos de su alimentación, aunque los cubanos han tenido que modificar una vez tras otra su dieta, ya que el régimen, en casi seis décadas, no ha podido garantizar el consumo mínimo de calorías para un desarrollo eficiente de acuerdo con el Observatorio de Derechos Sociales (2021). Así, los ciudadanos han tomado medidas, adaptando su dieta según los alimentos que consiguen, ajustando sus recetas tradicionales porque no se encuentran los ingredientes o simplemente porque no tienen dinero para asegurar sus viandas. De manera extraoficial, se conoce que, en Cuba, la mayoría de su población no tiene acceso a una alimentación mínima y balanceada, pues la libreta de abastecimiento no es suficiente para sostener a una familia por un mes y los salarios no permiten la compra de consumibles dado los elevados costos de importación.

Por último, se encuentra que el factor de género juega un papel muy importante en la inequidad de los cubanos, ya que la mujer suele estar rezagada, en el último escalón, para acceder a los alimentos en su familia. Su estado de vulnerabilidad es alto, ya que, además de hacer las colas para reclamar lo dispuesto en la libreta de abastecimiento o en tiendas con MLC, suele enfrentar la violencia por parte de las fuerzas públicas mientras realiza tales labores.

2

GÉNERO Y SEGURIDAD ALIMENTARIA: EL PAPEL DE LA MUJER CUBANA EN LA ALIMENTACIÓN FAMILIAR

En Cuba, las dificultades para el acceso a los alimentos y de la posibilidad del ejercicio de la libre elección de consumo afecta de forma de generalizada a toda la población debido al (des)abastecimiento que se presenta como una forma de control político y social. Sin embargo, debido a las propias dinámicas asignadas por los roles de género suelen ser las mujeres a quienes se les asigna la responsabilidad de organizar, conseguir, preparar y distribuir los alimentos en sus hogares; por ello, en contextos como este, son quienes asumen una doble carga: por un lado, la responsabilidad de la alimentación familiar y, por otro, las que suelen sufrir una mayor desnutrición debido a los sacrificios que realizan en el consumo de alimentos. En este sentido, este capítulo tiene como propósito presentar una reflexión, desde la seguridad alimentaria con enfoque de Derechos Humanos y perspectiva de género, en torno a la siguiente pregunta: ¿De qué modo la violación del derecho a la alimentación afecta de una manera diferenciada y más profunda a las mujeres en el caso de Cuba?

A partir de una revisión bibliográfica y con los resultados obtenidos de una serie de entrevistas anónimas realizadas por Food Monitor Programa con este objetivo, el texto presenta, en un primer apartado, un acercamiento a los roles asumidos por las mujeres en contextos generales de crisis y el impacto que ello puede tener en el acceso a una alimentación adecuada. Así, un primer hallazgo es que las féminas suelen llevar la mayor parte de la carga familiar en cuanto a sostenimiento y bienestar, pese a tener las mayores dificultades en el acceso a recursos y oportunidades laborales. En un segundo apartado, se presenta un recorrido por la caracterización de las mujeres en Cuba, su representación demográfica y condiciones de ocupación, encontrando que suelen ser segregadas de ciertos oficios y que existe, en gran medida, una división sexual del trabajo; evidente todo esto, pese a las promesas de la Revolución que intentan, incluso, plasmar en compromisos jurídicos el impacto negativo en la vida de la población femenina de las desmejoras de las condiciones de vida.

Finalmente, se presentan las condiciones particulares en cuanto a la alimentación en la actualidad, tal como ha llamado la atención la CIDH, y el cuadro de desabastecimiento de alimentos básicos y esenciales en la Isla, haciendo énfasis en la situación de las mujeres, niños y personas mayores. Lo anterior permite concluir que, debido a las prácticas socioculturales asociadas a conductas violentas y estereotipos de género, aunado a las prácticas de violencia de institucional del Estado cubano, las mujeres se ven mayormente afectadas por este tipo de inseguridad alimentaria crónica.

Si bien el régimen cubano niega la competencia del Sistema Interamericano y su capacidad para pronunciarse sobre la situación de Derechos Humanos en la Isla y el reconocimiento de la falta de voluntad política para comprometerse mediante la ratificación de los diferentes instrumentos internacionales sobre estos, vale la pena mencionar lo establecido en el artículo 2 de la Convención Interamericana para Prevenir, Sancionar y Erradicar la Violencia Contra la Mujer: «Se entenderá que la violencia contra la mujer incluye la violencia física, sexual y psicológica, que sea perpetrada o tolerada por el Estado o sus agentes, donde quiera que ocurra».

Esto resulta de particular relevancia por ser precisamente el Estado el que refuerza estas prácticas asociadas a los roles de género, produce de forma arbitraria las condiciones de control sobre el acceso a los alimentos y tolera este tipo de violencia contra las mujeres.

Rol o particularidades de las mujeres en momentos de crisis y conflictos

Con relación a este aspecto, en la literatura se encuentran diversos autores que resaltan el rol de la mujer como sujeto pasivo y ciertamente vulnerable ante las crisis y los conflictos. Iniciando con Romo y Pérez (2012), estos señalan que, en medio de estos contextos, las féminas suelen ser víctimas invisibilizadaso debido a que —y como propone (Amani, 2003)— el conflicto, ciertamente, exacerba estereotipos previos; por ejemplo, se tiene la noción de que, en dichos entornos conflictivos, es el hombre quien da la cara y lucha, mientras que la mujer de manera pasiva lo apoya desde el hogar. Esta visión es respaldada por Jiménez (2012:34), quien expone que «las mujeres generalmente no salen a luchar y permanecen la mayor parte desarmadas, solas a cargo de la familia y sin protección», exponiéndolas así a un escenario de compleja vulnerabilidad. Bajo esta línea de análisis, autores como Andrade *et al.* (2017) consideran que los contextos de conflicto suelen exacerbar los modelos patriarcales de dominación, que encuentran su cúspide en la «instrumentalización de la mujer». Así, esta última suele ser deshumanizada, convirtiéndose, a su vez, en un arma de guerra; cuestión que se manifiesta en escenarios como las violaciones sistematizadas que suelen ocurrir en guerras y conflictos, el control sexual y demás manifestaciones que demuestran cómo la mujer, convertida en sujeto pasivo, se convierte, además, en objeto de satisfacción para los hombres:

Para los grupos armados la mujer al ser portadora de la vida es también, la reguladora de la reproducción social de la ideología bélica a través de sus hijos, por ello el

control de su sexualidad es una estrategia de contención
del ejercicio de la libertad (Torres, Berbesi y Sierra, 2010).

De esta manera, al ser las ideologías y concepciones algo innato y que integra los conflictos, no es de extrañar que determinado bando busque reproducir su visión de mundo, haciendo uso del cuerpo de las mujeres sin consentimiento. Ahora, analizando el caso colombiano, se expone que, al sufrir las mujeres diferentes escenarios de discriminación en el marco de los conflictos que trascienden su condición de féminas, en ellas también converge la discriminación por razones de pertenencia a alguna etnia o a algún grupo social o político históricamente segregado. De esta manera, los conflictos y las crisis parecen ser el estado de cosas perfecto para sacar a flote mayores mecanismos de exclusión hacia las mujeres mientras se niega su humanidad. Ante dicho panorama, cargado de discriminación y exclusión, otra parte de la literatura hace énfasis en su rol mediador para la resolución de conflictos y la construcción de paz. Así, autores como Sauterel y Sepulveda (s. a.) manifiestan el rol negociador de estas, lo cual contribuye a la consolidación de estabilidad en procesos de transición política. Dicho papel busca, a su vez, reivindicar las injusticias en el marco de los conflictos en las cuales la brecha de género se amplía de manera exponencial. Sin embargo, muchas veces los programas y diversas iniciativas en el marco del posconflicto suelen carecer de un enfoque de género que solucione el acceso limitado de las mujeres a cuestiones como la tierra, la educación y capacitación, entre otros.

Condiciones de las mujeres en crisis relacionadas con la alimentación

Cuando las crisis o conflictos se relacionan con la alimentación, la literatura parece consensuar que las mujeres tienen mayor probabilidad de padecer de hambre y caer en la pobreza, no precisamente por la carencia de alimentos, sino por las desigualdades que padecen en cuanto a la distribución de alimentos y sus propias libertades (Sen, 1983). Estas desigualdades se agudizan en los conflictos, pero hacen parte de todo un constructo social previo; así, cuestiones como la división sexual del trabajo y la falta de oportunidades que ello supone al tener que desempeñar actividades domésticas y extradomésticas durante largas jornadas representan un límite importante, escenario que ha sido analizado en el caso de la mujer rural. De tal modo, la noción imperante de que la mujer debe permanecer en el hogar y ser, además, un referente en la alimentación de su hogar, hace que su esfuerzo se duplique; cuestión que en los conflictos se exacerba en la medida en que, mientras los hombres suponen la fuerza, las mujeres deben proveer lo necesario en el hogar. Para Bravo (1998), ello también se responde debido al ideario de las féminas relacionado con su función biológica de procreación, cuya proyección funcional en la reproducción social condiciona su capacidad para decidir sobre el uso de su tiempo y fuerza de trabajo. Las mujeres en dicho sentido no cuentan con la autonomía para decidir.

Otro punto de análisis ante dicho contexto es el que surge a partir del enfoque de la «feminización de la pobreza», y es que, ante dicho fenómeno, las mujeres son más propensas a padecer hambre. Así, haciendo énfasis en el caso de América Latina, a pesar de que estas son imprescindibles en la producción de alimentos, se encuentran en especial sensibilidad ante las crisis de alimentación. Por tanto,

> *las mujeres se enfrentan con restricciones y actitudes que conspiran para infravalorar su trabajo y responsabilidad, reducir su productividad, cargarles con un peso desproporcionado de trabajo, discriminarlas y menguar su participación en las políticas y toma de decisiones (Jiménez-Benítez, Rodríguez-Martín y Jiménez-Rodríguez, 2010:18-25).*

Entonces, no es de sorprender que los hogares encabeza-
dos por mujeres estén presentes en los sectores más pobres
de la sociedad, debido también a factores como la desigualdad en el acceso a la tierra, al trabajo y la desigualdad del ingreso. Frente a ello, resulta casi paradójico que se exija a las
mujeres la garantía de la nutrición de sus familias, cuando
sus condiciones de vida y desigualdades previas se agudizan
en las crisis. De esta manera, y como afirma Vizcarra Bordi
(2008:141-173), las diferenciaciones sexuales se traducen en
relaciones de poder y, aún ante fenómenos comunes como
la marginación y los desastres naturales, la mujer se sitúa en
especial vulnerabilidad, en tanto debe anteponer la alimentación de su familia y proveer antes de cuidar de sí misma:
«Entre las causas subyacentes de la malnutrición que se
deben abordar se destacan la carga de trabajo, la ingestión
alimentaria y la diversidad de la alimentación, la salud y las
enfermedades, y la asistencia a la madre y los niños» (Jiménez-Benítez, Rodríguez-Martín, y Jiménez-Rodríguez, 2010).

Relación entre los roles de género y la alimentación

La desventaja en la que se encuentran las mujeres respecto
a los hombres es un hecho irrefutable y ha sido abordado
con mayor recurrencia en la literatura. Para Fonseca, Poveda y Zorro (2021)ᐧ la calidad de vida de las mujeres se
ve directamente relacionada con factores como la división
sexual del trabajo y los roles adjudicados al género en una
sociedad patriarcal y heteronormativa. Dichas afectaciones
a la calidad de vida afectan *per se* a las dinámicas de alimentación de las féminas, quienes, al cumplir roles impuestos, no
pueden trascender y hallar por sí mismas oportunidades para
su surgimiento. Seguido de ello, existen otros factores que
obstaculizan el ejercicio de derechos como la alimentación;
entre estos, la opresión sexista, racista, clasista y demás fenómenos que relegan a las mujeres.

Iciarte (2019) aborda de manera más cercana las situaciones derivadas de la vulneración del derecho a la alimentación en el marco de la denominada «feminización de la pobreza» a la luz del caso venezolano. A partir de lo cual expone que la garantía de este derecho se recrudece para las mujeres debido a factores como la existencia de la matricentralidad; según la cual, la mujer se convierte en el capital emocional del hogar mientras debe seguir respondiendo por responsabilidades económicas, pese a las inequidades en cuestiones como el ingreso. Otro factor de influencia es la brecha de género constante, en la que las mujeres, pese a tener más educación, siguen ganando menos que los hombres, incluso por las mismas tareas.

Esta disparidad obliga a la mujer a proveer el sustento de su familia, pero sin contar con las suficientes oportunidades laborales, aunado a la dificultad de tener de forma exclusiva la crianza y sustento de sus hijos y realizar las labores propias del cuidado del hogar, sin poder contratar ayuda para tales fines, y sufrir un constante detrimento económico (íd).

De esta manera, en los constructos existentes respecto a lo que se supone debe hacer una mujer, se dan otras barreras. Según expone Lahoz (2006), pese a que en los países en desarrollo las mujeres son las principales productoras de alimentos, participan de modo activo en el ámbito laboral y se hacen responsables de la alimentación de su familia, su acceso a los recursos es limitado, ya sea a la tierra, al crédito o a servicios como la educación y la salud. Las féminas tienen una enorme carga que les exige cumplir en todas sus tareas impidiéndoles tener mayor tiempo para surgir y aun así las barreras se siguen imponiendo, lo cual resulta preocupante teniendo en cuenta que, en continentes como África, Asia y América Latina, las mejoras nutricionales de la familia se relacionan directamente con los ingresos de estas y el papel que desempeñan.

71

Aquí se abre otra problemática y es que, aun si la mujer ejerce y recibe su remuneración, casi siempre debe destinar buena parte de sus recursos a la alimentación de su familia y cubrir demás gastos necesarios para garantizar la seguridad alimentaria, según se respalda con el estudio realizado por Thomas (1990), quien logró observar que, en zonas urbanas de Brasil, la supervivencia de un niño es veinte veces mayor cuando el control de ingresos está a cargo de la madre; siendo no tan evidente con los hombres, en tanto la mayoría de sus ingresos son destinados a gastos personales.

La perspectiva de género permite entonces responder factores clave; entre ellos, el cómo las mujeres, debido a su preponderancia en la esfera privada, son llamadas a responder por el bienestar de la familia, sumándole la falta de reconocimiento de su labor, y cómo, pese a ser fundamental en la producción de alimentos, su acceso a estos últimos se ve truncado por constructos sociales, falta de oportunidades y su rol como proveedora y cuidadora del hogar. A ello se le añade que en las iniciativas en el marco de la ley y las reformas en cuestiones como el agro sigue predominando la figura del hombre como dueño y sucesor exclusivo de insumos como la tierra, ignorando la necesidad de las mujeres y los efectos negativos en su seguridad alimentaria.

MUJERES EN CUBA:
REPRESENTACIÓN POBLACIONAL Y CONDICIONES DE VIDA

Consideraciones generales sobre las mujeres en el contexto cubano

Según datos del Banco Mundial, para el año 2020 la población de Cuba era de 11 326 616 personas; de las cuales, 50,35% eran mujeres, es decir, 5 703 148, aproximadamente. Partiendo de ello y procediendo con la distribución por edad, 2 414 119 tenían entre 25 y 54 años; siendo este el rango de edad más representativo, seguido del rango de 65 o más años de edad, con cerca de 918 75. Procediendo con factores relacionados con el trabajo y la actividad laboral, y evaluando la tasa de participación femenina entre los 15 y 64 años, se ha evidenciado un progreso considerable, pues, según datos de la misma fuente, en 1990 dicha tasa era de 40,74%; y para inicios del nuevo siglo comenzó a incrementarse, progresivamente, hasta obtener la cifra actual de 50.54%.

Ahondando en lo correspondiente a la esfera laboral, en la Constitución aprobada en 2019, así como en el Código de Trabajo de 2014, se establece la igualdad de salario entre hombres y mujeres en el desempeño de las mismas labores. Sin embargo, la brecha salarial según el género está presente y, según arrojan datos de 2014, rondaba cerca de 6%. A su vez, «[...] esta brecha se relaciona, principalmente, con la segregación ocupacional, vertical y horizontal, así como con la división sexual del trabajo, que asigna las funciones de cuidado a las mujeres» (Díaz y Echevarría, 2019).

Dicha segregación y división sexual se puede evidenciar en diferentes escenarios. Por ejemplo, el salario nominal medio del año 2018 era de 777 CUP; asimismo, las actividades económicas de mayores salarios promedio en el país fueron: construcción (1 539 CUP), explotación de minas y canteras (1 423 CUP), intermediación financiera (1 119 CUP), industria azucarera (990 CUP); ciencia e innovación tecnológica (981 CUP); pesca (958 CUP); agricultura y ganadería (921 CUP). Ramas todas con salarios medios por encima de los 900 pesos cubanos y, como tendencia, de mayoría masculina, con excepción de la intermediación financiera.

Como estipulan Díaz y Echevarría, es evidente que, a pesar de la garantía de igualdad salarial mediante la ley, las mujeres ciertamente no incursionan en las mismas actividades que los hombres debido a la presencia de roles e idearios que las limitan a las labores de cuidado, cuya remuneración son inferiores. Esto se observa en las cifras de 2017, en donde el porcentaje de mujeres en áreas como la educación era de 64,7% y en salud y asistencia social de 69,6%; a diferencia de áreas como cargos en defensa y seguridad social, en los cuales no llegan ni a 40%. Asimismo, los datos del Anuario Estadístico de Cuba (ONEI) muestran que los sectores de la economía que acogen mujeres en mayor medida son la salud pública y la asistencia social con 328 800, educación con 306 900, comercio con 167 700, y hoteles y restaurantes con 126 000. Complementando lo mencionado, según un informe de la CEPAL de 2019, las mujeres representan 58% de las personas ocupadas que tienen nivel educacional superior —cuestión que las beneficia para obtener cargos que demanden alta calificación—; a su vez, ocupan 50,8% de los puestos de cuadros dirigentes y suman 61,3% de los profesionales y técnicos del país. Pese a las anteriores cifras —ciertamente prometedoras—, las labores que detentan siguen estando relacionadas con nociones sexistas.

Sumado a lo anterior y aludiendo a factores como el trabajo remunerado, según la encuesta nacional sobre Igualdad de Género de 2016, los hombres dedican a este un promedio de 34,26 horas por semana, mientras que las mujeres, unas 22,06 horas promedio. Otro hallazgo a destacar de la encuesta es que «[…] más de 45% de los hombres y de 30% de las mujeres, afirman que las hijas y otras mujeres que comparten el hogar participan en tareas domésticas [...] Solo 4% de las personas encuestadas reconocieron la participación de hijos y otros hombres». Finalizando la esfera laboral, es propicio hacer alusión a las cifras del desempleo entre las mujeres, que, según datos del Banco Mundial, fue de 1,9% para 2019; cifra que, comparada con 12,44% de 1990, ha disminuido considerablemente.

Promesas y compromisos incumplidos
de la Revolución cubana

En los albores del siglo xx, en el imaginario colectivo persistía la visión de las mujeres como sujeto supeditado al hombre. Dicha construcción afectó de manera considerable los roles y actividades que estas vendrían a detentar. Es así como, para la primera década del siglo, casi 70% de las mujeres cubanas tenían oficios relacionados con el trabajo doméstico, mientras el otro 30% era sobreexplotado en la industria del tabaco. A su vez, para el inicio de la década de 1920, 50% de las mujeres que trabajaban en la Isla eran domésticas, un tercio trabajaba en el tabaco o en industrias similares, un décimo se dedicaba a los servicios, un veinteavo a las labores agrícolas y una proporción muy exigua al comercio y al transporte (Arencibia y Hernández, 2009).

Para la segunda década, se evidencian algunos avances; entre estos, el Decreto-Ley del 9 de julio de 1926, que dispuso un presupuesto para construir más escuelas, sumado a que en la instrucción pública ya no primaba la distinción de sexos para las matrículas, permitió que cada vez más mujeres pudieran continuar con sus estudios e incluso llegar a la universidad. Con estos avances, «[l]a tasa de analfabetismo femenino de 86% en 1860, 71,4% en 1900 había bajado a 47,5% a finales de los años 30. La escolarización femenina había aumentado y se habían creado escuelas de adultas casi desconocidas antes» (íd.).

Otro hito relevante a mencionar es que, en 1940 llega una nueva Constitución, la cual, en una suerte de iniciativa progresista, «dispuso la igualdad de todos los cubanos ante la ley, la igualdad de derechos de los cónyuges, reconoció el derecho de la mujer al trabajo, a disponer de sus bienes propios y a disfrutar de una pensión en caso de divorcio» (íd.). Sin embargo, seguía persistiendo la divergencia entre lo escrito y los hechos. Así, ante un escenario crítico económicamente y la poca aplicabilidad de las leyes, miles de mujeres, trabajadoras, madres de familia o adolescentes, previo a la Revolución, tuvieron que decantarse por la prostitución para sobrevivir —se dice que dicho flagelo pudo haber incluido 20% de mujeres habitantes de La Habana para aquella época.

Con la llegada de la Revolución, se reconocen avances importantes. En primera instancia, la ley de alfabetización de 1961, con la cual 55% de los beneficiarios de dicha política fueron mujeres. Esto tuvo un impacto directo en su participación en la educación; así, para el curso 1986-1987, 30% de los y las jóvenes entre 15 y 24 años estudiaba de forma regular en la enseñanza media-superior o superior (53,4% eran mujeres) (Domínguez 2011:3-22). Con semejante conquista, no es de extrañar que estas empezaran a ser consideradas para diferentes cargos. Como menciona Domínguez, mientras en la década de 1950 se estimaba que la proporción de mujeres vinculadas al empleo fuera del hogar era de 11% de la población femenina en edad laboral y apenas 7% en la tasa de ocupación, en 1975 esta última cifra ya era de 27% (íd.). No obstante, este primer impulso significativo, más de corte legal, no tendría el impacto esperado debido a las mismas condiciones generalizadas de represión que acentuaron los roles de género y la carga de cuidado en las mujeres. Tal como ha expresado el Comité para la Eliminación de la Discriminación contra la Mujer, preocupa, entre otras cosas, la falta de adopción de medidas para eliminar los estereotipos.

Un tema no menor de preocupación es, precisamente, la prostitución; que en este caso se trata de sexo por supervivencia e incluso de explotación sexual. Esta situación es invisibilizada por el mismo régimen al estar asociado al turismo y, pese a estar tipificado en la ley el proxenetismo y la trata de personas, la prostitución —llamadas jineteras— queda en un vacío jurídico que pone en una mayor condición de vulnerabilidad y desprotección a las mujeres. En primer lugar, por ser muy difícil que los casos se encuentren, en realidad, desligados del proxenetismo; y, en segundo lugar, por no ser una decisión tomada con plena libertad.

Todo lo anterior resulta paradójico, considerando que justo uno de los pocos instrumentos internacionales ratificados por Cuba es la «Convención sobre la Eliminación de Todas las Formas de Discriminación contra la Mujer». Sin embargo, desde hace una década, el Sistema Universal de Protección viene haciendo llamados de atención sobre la falta general de sensibilización respecto a la Convención.

LA SITUACIÓN DE LAS MUJERES EN CUBA FRENTE AL DERECHO A LA ALIMENTACIÓN

Roles y cargas asignadas por cuestiones de género y la alimentación

La situación respecto al disfrute del derecho a la alimentación en Cuba es una cuestión precaria. En primera instancia, la CIDH y la REDESCA ya han mencionado el cuadro de desabastecimiento de alimentos básicos y esenciales en la Isla, enfatizando en la situación de las mujeres, niños y personas mayores a causa de la vulnerabilidad socioeconómica y la inseguridad alimentaria que se evidencia en el país (CIDH, 2021). Con lo anterior, y pese a que se suele visibilizar y resaltar el carácter crítico de dicho panorama, la información en temas de cifras y datos aproximados es bastante precaria; aún más si se hace referencia a un sector específico de la población como las mujeres. Empero, mediante diferentes denuncias y relatos encontrados en ciertos medios de comunicación, es posible tener un abordaje más cercano sobre la situación de las féminas y sobre cómo soportan una carga mucho más pesada y compleja cuando se trata de la alimentación.

Partiendo de lo mencionado, según presenta *Diario de Cuba*, la situación de las mujeres se reduce a una palabra: crítica, debido al tradicional machismo y a la consecuente sobrecarga de las mujeres en las tareas del hogar y el mantenimiento de sus familias: «las mujeres sufrimos con mayor intensidad la falta de seguridad alimentaria, primero por la percepción maternal que tenemos y, por otra parte, por los estereotipos de género que aún persisten en muchas familias» (2021).

Como suele suceder, se intentan imponer soluciones jurídicas que se quedan en el papel. Por ejemplo, el anterior Código de Familia (1975), pese a establecer que buscaba superar «normas del pasado burgués, obsoletas y contrarias al principio de la igualdad», situaba a las mujeres en un único rol secundario en la familia: como esposa y madre. Si bien esta ley fue actualizada en el nuevo Código de Familia de 2022, y aunque menciona algunos ligeros cambios sobre el papel de las féminas, así como enuncia la violencia familiar y algunos roles relacionados con el trabajo, resulta contradictorio que el feminicidio no sea reconocido en el ordenamiento cubano y que, en la práctica, la situación no presente cambios significativos, reproduciendo los estereotipos asociados al género.

Dichos estereotipos resultan perjudiciales en tanto la mujer cubana no solo debe hacer las compras de lo que se requiere en el hogar, sino que, ante el contexto económico de la Isla, es quien invierte más tiempo en las colas y quien, ante el poco alimento que puede conseguir, debe repartirlo de la mejor manera en el hogar. Aquí existe una premisa fundamental: la complejidad de esta problemática ha exacerbado los escenarios de violencia intrafamiliar, pues en medio de discusiones y falta de alimentos se ha incrementado la cifra de mujeres violentadas. Así, en 2021 se reportaron 33 feminicidios en el país, siendo los principales agresores los compañeros o excompañeros sentimentales de dichas mujeres (YoSíTeCreo, 2021).

Ahora, la vulnerabilidad de las mujeres ante la falta de alimentos afecta directamente en su estado de salud. Ante el hecho de que Cuba importa más de 70% de alimentos que consume y la falta de divisas, el incremento de los precios ha sido inevitable y, junto con ello, el aumento de casos de anemia, que «constituye un grave problema de salud pública, […] En 14 municipios de la región oriental, la prevalencia es de más de 40%, lo que indica un grave problema de salud pública que además afecta a cerca de 38% de las mu-

78

jeres embarazadas» (Domínguez, J., 2021). Al respecto, es también preciso mencionar que la malnutrición en Cuba se evidencia por el déficit nutricional y la ausencia de una dieta balanceada. Según esto último, hay que reportar el exceso de alimentos de baja calidad nutritiva, cuyo consumo afecta a «jubilados, ancianos, niños, mujeres embarazadas, los más pobres, y a quienes no reciben remesas, que según reporta la agencia noticiosa IPS desde La Habana constituyen el 68% de la población» (Álvarez Quiñones, 2020).

Trascendiendo lo mencionado, Cruz (2019) menciona en su estudio cómo el grupo poblacional de 14 a 60 años recibe las menores contribuciones energéticas; cuestión que no tiene solución a la vista, menos aún cuando existen grupos en desventaja para el acceso a alimentos, entre estos los jubilados, los trabajadores del sector estatal presupuestado y, por supuesto, las mujeres. «Esta problemática puede tener mayor incidencia entre las mujeres jefas de hogar y madres solteras, dependientes únicamente de sus salarios o de la asistencia social y que no disponen de una red de apoyo familiar» (íd.).

A lo anterior se le suma otro escenario complejo, que a su vez refuerza el desequilibrio y la afectación más directa para las mujeres, que alude a la desigualdad intrínseca respecto al acceso a la tierra y el disfrute y elección de las féminas para hacer uso de esta. Con ello, y a pesar de que producen casi la mitad de lo que comen más de 600 habitantes en América Latina, en Cuba, la ANAP, «que agrupa a pequeños productores privados, reveló que 12 102 mujeres eran propietarias de tierras en 2012 y constituían 11% del total de dueños» (Gónzales, I., 2016). Esta cifra, resulta bastante preocupante y demuestra la persistencia de los estereotipos que continúan manteniendo a las mujeres al margen de la propiedad de cuestiones tan básicas como la tierra. A su vez, las mujeres «representan poco más de 17% de las 802 500 personas empleadas en el sector de la agricultura, ganadería y silvicultura» (íd.); cuestión que desvaloriza la labor de la mujer en las actividades agrícolas.

Actividades de cuidado y violencia institucional

Ante la tendencia del gobierno cubano por demostrar su buen manejo en la garantía del derecho a la alimentación, la literatura se contrapone y aporta un panorama mucho más verídico y complejo de la situación; aún más si se analiza en el caso de las mujeres. Para autores como Reina y Rodríguez (íd.), en Cuba se hace manifiesta la variable cultural y los constructos sociales respecto al rol que estas han de desempeñar; así, mientras la mayoría de la población ante la crisis económica desconoce y pasa por alto los principios para una nutrición adecuada, las mujeres, como «conocedoras» de lo que supone una buena alimentación, cargan con la responsabilidad de garantizar el alimento a su familia en la medida que las condiciones económicas lo permitan. De esta manera, la mujer, como «administradora del hogar» y proveedora de cuidados, se ve afectada al sacrificar la posibilidad de alimentarse adecuadamente para beneficiar a sus hijos y a las personas bajo su cuidado.

Esto puede traer consecuencias determinantes. En efecto, la malnutrición femenina que asiste a la Isla impacta en cuestiones como lo laboral, y mucho más en lo que respecta a su salud. Con lo anterior, para autores como Cruz (2020), las mujeres hacen parte de los grupos en desventaja para el acceso a la alimentación a la luz de sus ingresos y aquellas que son jefas del hogar, madres solteras o dependen únicamente de salarios o asistencia social enfrentan la completa responsabilidad de sus familias ante la ausencia de redes de apoyo familiar. Así, Vara-Horna (2021) analiza de manera profunda la inseguridad alimentaria de las mujeres en Cuba con un enfoque de género, pudiendo dilucidar cuestiones como la persistencia, en Cuba, de la imagen de la «mujer virtuosa» que se sacrifica por su familia y debe cargar con la responsabilidad de obtener y preparar alimentos, lo cual alimenta el rol inequitativo que estas deben jugar en crisis alimentarias.

Además, mediante una encuesta no probabilística a hombres y mujeres de toda la Isla, logró determinar que 64% de estos percibe una presión hacia las amas de casa para conseguir alimentos, descuidando muchas de ellas, por tanto, sus hogares, para pasar horas buscando con qué alimentar a sus familias mientras sacrifican su ración de comida personal. En este estudio también se evidencia cómo convergen otras problemáticas: ante la crisis económica, 29% percibe que las mujeres son presionadas a intercambiar sexo por comida o dinero; a su vez, alrededor de 27% expone violencia física por parte de las parejas sentimentales porque la comida no alcanza. Con ello, se infiere cómo ante la responsabilidad innata de la mujer de proveer alimento, estas han aumentado la posibilidad de ser agredidas en espacios públicos o privados por no desempeñar bien el «rol» que les corresponde.

Conclusiones

Después de la revisión presentada, la situación general de las mujeres en Cuba, particularmente con relación al goce efectivo del derecho a la alimentación, se puede concluir que, pese a la actualización de ciertas normas en el marco jurídico y siendo parte de la Convención sobre la Eliminación de Todas las Formas de Discriminación contra la Mujer, este grupo poblacional se encuentra en condición de vulnerabilidad tanto por las mismas lógicas sociales que arraigan ciertos estereotipos asociados al género como por la mantenida violencia institucional.

Aunque en la investigación se presentan algunas cifras encontradas, estas son sacadas en su mayoría de la sociedad civil, persistiendo el problema señalado por el Comité para la Eliminación de la Discriminación contra la Mujer: la falta de cifras desglosadas por sexo, edad, raza, etnia, ubicación y situación socioeconómica, y el uso de indicadores para evaluar las tendencias en la situación de las mujeres. Condición que hace invisibles las problemáticas mencionadas.

Es importante considerar que, cuando las crisis o conflictos se relacionan con la alimentación, en la literatura parece haber un consenso sobre la mayor probabilidad de las mujeres a padecer de hambre y caer en la pobreza, no por la carencia de alimentos, sino por las desigualdades que padecen en cuanto a la distribución de alimentos y sus propias libertades. Resaltando, además, otro punto que surge a partir del enfoque de la «feminización de la pobreza».

Por otra parte, no resulta extraño encontrar en las entrevistas realizadas que una de las palabras y expresiones más repetidas es «sacrificio», asumido como el rol que debe realizarse, pero sin cuestionarlo. En algunos casos, los hombres son »priorizados» por ser considerados entes trabajadores y que necesitan, por tanto, un mayor consumo de calorías.

Finalmente, hay que recordar que la igualdad, equidad y empoderamiento de las mujeres son condiciones necesarias para alcanzar el pleno disfrute del derecho a la alimentación, pasando por medidas efectivas jurídicas y de políticas públicas, así como su aplicación bajo las libertades en contextos democráticos.

3

«SOMOS LO QUE COMEMOS»:
IDENTIDAD ALIMENTARIA EN LA CUBA POS-90

En Cuba, cada conversación, tarde o temprano,
es sobre comida
SHANNON LEE DAWDY

La comida es fundamental para nuestro sentido de identidad. La forma de comer de cualquier grupo humano le ayuda a afirmar su diversidad, jerarquía y organización, tanto su unidad como la alteridad de quien come diferente. Asimismo, también es fundamental para la identidad individual, en el sentido de que cualquier individuo humano determinado está construido biológica, psicológica y socialmente por los alimentos que elige incorporar (Fischler, 1988). Entender la comida como un sistema cultural, incorpora asimismo el reconocimiento del «gusto» como un hábito culturalmente formado y socialmente controlado.

La identidad cultural está reflejada en la comida que comemos, cómo la elaboramos, dónde la comemos, entre otros diversos rituales asociados a este ejercicio. El aspecto alimentario de una identidad cultural se materializa en productos, técnicas de cocina, platos y modos de consumo que se consideran como propios por quienes forman parte integrante de la cultura y como típicos por los demás. La identidad cultural alimentaria va más allá de platos o formas de nutrición tradicionales. Incluye todo tipo de concepciones que se tiene de una comida propia, así como prácticas y rituales vinculados, desde la búsqueda y adquisición de los productos hasta las formas de distribuirlos, servirlos y comer (Duhart, 2004:11). Entre los sujetos, la relación con la comida es una variable común para confirmar los reacomodos discursivos y las prácticas sociales y humanas (Fieldhouse, 1995:78-105).[1] Igualmente importantes son los factores que inciden y determinan la calidad de vida de una persona al contribuir a su bienestar físico y mental; al permitir expresar la identidad cultural a través de las formas de comer, de la preparación, el intercambio y el consumo. La comida juega un papel fundamental en la construcción de identidades culturales, ya que está «repleta de significado social, cultural y simbólico» (Bell *et al.*, 1997:3). La presencia cultural en la seguridad alimentaria —dígase la capacidad de practicar rutas alimentarias— actúa como forma de transmisión y expresión social, y acentúa la identidad cultural.[2] En lo colectivo, mejora múltiples componentes de bienestar y conduce a la disminución del estrés, a una mejor salud y a un mayor sentido de pertenencia, comodidad y seguridad.[3]

Una gran parte de las concepciones que los cubanos tienen de su comida se posiciona a partir de rituales vinculantes. El simple hecho de poner un plato en la mesa implica no solo una selección/ conformidad con lo que se posee, sino un cúmulo de actividades y gestiones, no todas legales, que consumen recursos, tiempo y en general calidad de vida (Meyer, 2019). El acceso inadecuado a los alimentos crea estrés cultural y afecta la identidad y el bienestar individual. La disminución de la estabilidad financiera para comprar, ya no alimentos pertenecientes a la identidad, tradicionales en

---

[1] Cfr., además, Mintz y Du Bois (2002, 99-119); y Kittler, Sucher y Nahikian-Nelms (2017).

[2] Cfr. Damman, Eide y Kuhnlein (2008:135-155); Noriza *et al.* (2012:359-363); Schermuly y Forbes-Mewett (2016:2434-2443).

[3] Cfr. Weller y Turkon (2015:57-73); Moffat, Mohammed y Newbold (2017).

la familia o en la localidad, sino básicos, representan un factor agregado.[4] Sumando la responsabilidad de los padres, en específico el papel de la mujer y madre en el hogar, a cargo de familiares vulnerables, la alerta por conseguir alimento, la forma de elaborarlos ante la escasez de ingredientes, sus modificaciones e improvisaciones, representan un peso importante en el quehacer cotidiano del sujeto. En este sentido destacan las acciones individuales y colectivas, culturales e infrapolíticas, de adquisición y consumo de alimentos, dirigidas a mitigar las vicisitudes cotidianas, los significados que las personas inscriben en la cocina cubana, así como los prejuicios y estereotipos construidos alrededor de estas privaciones.

Lo anterior está fuertemente delineado por el discurso político sobre la alimentación que, impregnado por el marco ideológico en el que se desarrolla, asume un papel fundamental en la edificación de la identidad alimentaria ligada a un espacio temporal y político determinado. Las fluctuaciones en la disponibilidad de los alimentos, los cambios en sus cultivos o la inclusión de otros importados pueden construir bifurcaciones importantes en el imaginario social. El acceso comprometido a los alimentos expande su significado más allá del fin básico nutricional, para generar

---

[4] Por ejemplo, en el mercado negro la carne de res, cuya comercialización está controlada, puede tomar diversos nombres en clave, como «tomate», ya que para concertar su compra se requiere de mecanismos evasivos —llamadas directas sin mencionar el producto específico—. Tradicionalmente, las mujeres destinan las partes de mayor proteínas y sabor a las personas mayores o a los infantes en el hogar, sirviéndose su plato en último lugar. Existen relaciones de economía moral donde se revende, trueca o regalan productos que una familia no consume a otra más necesitada. En los más recientes períodos de escasez, el Estado ha entregado donativos provenientes de países socios, algunos de los cuales no han sido conocidos por la población, conduciendo a formas muy peculiares de cocinar granos y brotes. Como paliativo, también ha dado alimentos básicos como estímulos materiales a trabajadores estatales, creando una brecha adquisitiva y otras formas de reventa. Estos son solo algunos de los ejercicios derivados de estas políticas.

ideales y tensiones en las dinámicas habituales de la vida del sujeto, en lo individual, familiar y comunal. En el caso específico de las crisis económicas, la carencia de alimentos marca otros rituales alrededor del desabastecimiento y el racionamiento, que conllevan asimismo a fracturas sociales, reconfiguración de valores, emergencia de estereotipos, diferenciación y marginación social, así como fenómenos más ampliados relacionados con migración, violencia, alcoholismo, prácticas religiosas, entre otras formas del subconsciente colectivo para sobrellevar problemas de alimentación y el estrés social agregado a su garantía.

En el caso cubano, la identidad alimentaria se ha tratado desde una mirada homogeneizadora sobre seguridad alimentaria, celebrando la garantía básica de alimentos del proceso cubano mediante políticas de racionamiento, al punto de elogiar innovaciones alimentarias durante la crisis económica en la década de 1990. En contraste con una literatura creciente sobre «la excepcionalidad de Cuba» desde estándares nutricionales que no son comparables transculturalmente, se ha prestado menos atención a las implicaciones de la salud social. Estas implican formas subrepticias de sobrevivencia, estrés agregado, deterioro físico y mental del individuo, así como del esquema de valores sociales; fenómenos en general que afectan el devenir político y social de la nación cubana.

El presente trabajo explora las experiencias y consecuencias de la inseguridad alimentaria con dos picos de crisis en una misma generación de cubanos. Propone identificar los factores que intervienen en la identidad alimentaria luego de 1990, más allá de los estándares internacionales de seguridad, que comparan transculturalmente entornos sociales y políticos únicos en su complejidad. Discutimos cómo la inseguridad alimentaria interviene en sentimientos de bienestar individual y colectiva. Además, revisamos cómo las crisis cíclicas han modificado la identidad, el lenguaje, la memoria histórica y la cultura alimentaria de una generación de cubanos que ha transitado por dos períodos de escasez profunda en su experiencia de vida.

Seguimos una perspectiva interdisciplinaria y sociocultural para analizar la dialéctica entre inseguridad alimentaria y formas de resistencia. Una pregunta central es ¿cómo ha cambiado el vínculo entre identidad y comida en un grupo generacional que ha experimentado períodos cíclicos de escasez alimentaria?; ¿cómo se conjuga el devenir nacional centrado en la comida como recurso imaginado? Nos proponemos una exploración crítica de culturas y políticas alimentarias posrevolucionarias para entender la materialización de la política posterior a 1990 sobre la alimentación en Cuba, así como las representaciones de «transgresiones» alimentarias.

Para esto realizamos 35 entrevistas semiestructuradas a hombres y mujeres, entre 30-65 años, de cuatro provincias del país, más un municipio especial (Isla de la Juventud, Pinar del Río, La Habana, Matanzas y Santiago de Cuba). Las entrevistas se realizaron en el año 2021, con la finalidad de recabar información sobre las dinámicas socioculturales asociadas a la producción y al consumo de alimentos (prácticas de reciprocidad, jerarquías en la búsqueda de alimentos, vinculación de género en la alimentación familiar). En paralelo, seguimos una metodología de participación observante en grupos de WhatsApp, Facebook y Telegram de alertas de abastecimiento, compra-venta de productos e intercambios de recetas de aprovechamiento, entre otras estrategias de resiliencia.

BREVE RELACIÓN ENTRE LA COMIDA
Y LA CONSTRUCCIÓN DE LA NACIÓN

Las condiciones y contextos en los que la comida es producida y consumida dominan una subconsciencia culinaria que perfila las rutas de la nación (Soler, 2017:110-123). Eduardo Machado y Michael Domitrovich actualizan esta perspectiva al analizar lo que se come y cómo se come, para definir una memoria alimentaria dominante en las formas de cubanidad nacionales (2007). De tal modo, las connotaciones del comer y del beber en lo identitario, histórico, cultural, filosófico, lingüístico, entre otros ámbitos del imaginario, pueden ser rastreables en la tendencia «gastrocentrista» del imaginario cubano (De Maeseneer, 2012:288). El desplazamiento de los *foodways* de lo familiar a lo político es desarrollado por De Maeseneer en la reformulación del término «gastrocrítica»; donde establece vínculos entre lo racial, lo social y lo identitario, tomando como punto de partida referencias culinarias.

Los significados de la comida y sus vínculos alrededor de los rituales de la cocina y el banquete habían dominado desde antaño gran parte de las prácticas familiares cubanas y de cómo se percibe la cubanidad. El imaginario gastrocentrista isleño tomó iniciáticamente rasgos patrimoniales. Fernando Ortiz recurría al ajiaco[5] para construir su conocida metáfora sobre los factores humanos de la cubanidad. El ajiaco había tenido variadas influencias y connotaciones, como una mezcla precolombina, española, asiática, africana y centroamericana. Un plato de muchos componentes no siempre en armonía:

> *Esa es Cuba, la isla, la olla puesta al fuego de los trópicos [...] Luego, fuego de llama ardiente y fuego de ascua y lento, para dividir en dos la cocedura; tal como ocurre en Cuba, siempre a fuego de sol, pero con ritmo de dos estaciones, lluvias y secas, calidez y templanza. Y ahí van las sustancias de los más diversos géneros y procedencias. La indiada nos dio el maíz, la papa, la malanga, el boniato, la yuca, el ají*

---

[5] El propio término, si bien no es un indigenismo o indoamericanismo, según Rodríguez Herrera está constituido por el ají, uno de los alimentos precolombinos principales y acó, sufijo castellano que denota inferioridad o extravagancia, por lo que se induce sea una concepción inicial de rechazo desde la mentalidad española (1958-1959: I, 56).

que lo condimenta y el blanco xao-xao del casabe con que los buenos criollos de Camagüey y Oriente adornan el ajiaco al servir. Así era el primer ajiaco, el ajiaco precolombino, con carnes de jutías, de iguanas, de cocodrilos, de majas, de tortugas, de cobos y de otras alimañas de la caza y pesca que ya no se estiman para el paladar. Los castellanos desecharon esas carnes indias y pusieron las suyas. Ellos trajeron con sus calabazas y nabos, las carnes frescas de res, los tasajos, las cecinas y el lacón. Y todo ello fue a dar sustancia al nuevo ajiaco de Cuba. Con los blancos de Europa, llegaron los negros de África y estos nos aportaron guineas, plátanos, ñames y su técnica cocinera. Y luego los asiáticos con sus misteriosas especias de Oriente; y los franceses con su ponderación de sabores que amortiguó la causticidad del pimiento salvaje, y los angloamericanos con sus mecánicas domésticas que simplificaron la cocina [...]. Con todo ello se ha hecho nuestro nacional ajiaco (Ortiz, 1940:12).

Imaginario gastrocentrista independentista

Durante las Guerras de Independencia, Cuba desarrolló una cocina criolla, a partir de un incipiente sistema nacional de significado y producción de alimentos. La cocina nacionalista defendió lo criollo y ya a mediados del siglo XIX comenzaron a aparecer libros de cocina que afirmaban una tradición culinaria cubana con elementos de comida mambisa o jíbara. Los platos más expresivos de esta cubanidad (ajiaco, ropa vieja, ensalada de quimbombó, etc.) estaban elaborados a partir de alimentos endémicos o traídos de diferentes oleadas migratorias como el boniato, plátano, maíz, mamey, malanga, yuca, tamarindo, guayaba, entre otros. Para Susanne E. Freidberg, este imaginario representó un contraargumento poderoso, considerando el papel del cuerpo culinario como recurso ideológico, central para las campañas de construcción de la nación durante el siglo XX:

91

«Estas campañas ayudaron a construir no solo la comunidad imaginada de la nación, sino también su mesa imaginada: es decir, las vías alimentarias de la nación» (2004).

Imaginario gastrocentrista republicano

En la República, el impacto continuo de la cocina europea, especialmente francesa y estadounidense, otorgó otras propiedades al otrora ajiaco. Los viajes de placer a Cuba desde Estados Unidos y Europa florecieron durante los años de la Enmienda Platt (1902-1934), expandiendo la cocina antillana.[6] Restaurantes de cocina española, italiana o francesa se extendieron por La Habana; una de las atracciones más populares, el F. W. Woolworth al que los cubanos se referían como TenCent debido a sus mercancías con descuento a precios fijos, como un establecimiento de 10 centavos de costo. Al mismo tiempo, marcas y electrodomésticos estadounidenses ingresaron al mercado de alimentos cubanos para consumo en restaurantes, negocios pequeños y el hogar. El crecimiento industrial de Estados Unidos influyó en la elección de innovaciones alimentarias determinadas por el consumo de nuevas tecnologías. En consecuencia, los libros de cocina se centrarían en los avances técnicos en la cocina y las ventajas de la vida moderna, por ejemplo, se alentaba a comprar refrigeradores y batidoras manuales, pero la narrativa estaría totalmente enfocada en la mujer cubana en su papel de esposa y ama de casa.

Para el público, surgieron supermercados de estilo estadounidense, como el Minimax Supermercado introducido por la empresa estadounidense Brandon Brothers después de la Segunda Guerra Mundial. En lo doméstico se hicieron comunes productos industriales, como vegetales y frutas

---

6 Algunas recetas producto de estas variaciones, aunque con un fuerte sentido ibérico, pueden encontrarse en Blanche de Baralt (1931).

enlatados, quesos procesados, mayonesas y gelatinas, entre otros que acompañaba Ana Dolores Gómez en su programa *La Cocina Frigidaire*, vistos por las amas de casa de la época (Urrutia y Schwartz, 1992). También se proponían menús ya elaborados y publicados junto a guías de hospitalidad, donde sobresalían columnas gastronómicas semanales como «El Menú de la Semana», en la revista *Bohemia*, durante las décadas de 1940 y 1950. Rituales en torno a la comida priorizaban, por ejemplo, degustar el primer día del año, el plato más lujoso al alcance de la economía familiar; así se «garantizaba» un porvenir provechoso el resto del año. Un festín en estas fechas debería ser capaz de augurar un nuevo puesto de trabajo o inclusive un cambio político (Núñez, 2000:18).

Imaginario gastrocentrista socialista

El imaginario cubano en torno a los alimentos posterior a 1959 continuó siendo moldeado por factores sociopolíticos diversos. Paulatinamente, la comida quedó como elemento esencial no solo en sus relaciones sociales, entre ciudadanos como vecinos y miembros familiares, también como sujetos políticos, en las relaciones entre consumidores y Estado. Los ideales de distribución igualitaria articularon hábitos, lenguaje, formas particulares de alimentación y concepciones diferentes de acceso, a través de ejercicios como la entrega subsidiada, normada o regulada de productos. En consecuencia, el comer y el beber, sus adquisiciones y nomenclaturas, estarán vinculadas a la política alimentaria del Estado socialista:

> *Ahora vienen productos «normados liberados», es decir, a precio no subsidiado, pero en cantidad normada por consumidor. Te tocan 10 huevos, de ellos 5 normados (a precios subsidiados) y 5 normados liberados (a precios sin*

93

*subsidio). Es como estudiar filosofía y que te den el título
de Marxismo-Leninismo (entrevista #14).*

Es necesario recordar en este punto que la comida fue un
elemento importante en la memoria en la diáspora. A partir
de 1959, la migración de un sector importante de la sociedad cubana reprodujo desde sus destinos exiliados negociaciones de la memoria culinaria cubana. Los libros de cocina
publicados en Miami a partir de 1960 y hasta 1980 fueron
un emblema para la preservación de la «cubanidad» en el
exilio. La comunidad cubana quiso recrear los sabores de su
pasado recurriendo a libros como *Cocina criolla* de Villapol
(1979) e incluso a ediciones no autorizadas de *Cocina al minuto* impresa en Miami (Ediciones Cubamerica, 1983), pero
también liberando nuevas obras que evocaban recetas del
pasado, como *Recetas de antaño* (1965) y *El arte de cocinar:
Recetas prácticas de cocina de la Cuba de ayer* (1971).

Estas negociaciones no estuvieron exentas de desagravio
en su visión de restitución política. En *Tastes Like Cuba: An
Exile's Hunger for Home*, Eduardo Machado y Michael Domitrovich desarrolla un complejo discurso gastrocentrista,
donde exponen experiencias que no le son posibles replicar
en el exilio y que tampoco existen en la Cuba posrevolucionaria que dejó atrás. Se rememoran rituales diarios como
«el olor de la leche hirviendo» (2007:1), como metáforas
poderosas para informar conflictos gestionados más ínti-
mamente, pero encapsulados en un espacio intermedio de
no realización. Si antes se vieron las manifestaciones de una
conciencia nacional plasmada en platos y libros de cocina
que preceden a la independencia de la colonia, la negociación del exilio cubano pos-1959 implicaría la reconstruc-
ción de una Cuba allende sus fronteras.

Al interior de la Isla posrevolucionaria, las estrategias
difieren, conjugando la noción de la comida en el terreno
social, ideológico y político, con consecuencias perecederas
en el imaginario colectivo de Cuba. Las medidas domésticas

de nacionalización y los pactos comerciales con el bloque soviético en la década de 1960 modificaron la economía ganadera y agrícola local de la era republicana, impactando en la diversidad de los cultivos tradicionales. Desde entonces, el sector agrícola relegaría plantaciones variadas (por ejemplo, de frutas típicas como el níspero, el anón, el caimito, la chirimoya o la guanábana) por productos cotizados en el mercado soviético por los que recibía precios preferenciales (cítricos, plátano, azúcar). Los mismos convenios favorecieron la importación de otros productos, ajenos y exóticos al paladar caribeño, como los dátiles, la carne rusa, la ensalada de col, zanahorias y remolachas búlgara en conserva o la jalea de grosellas albanas.

Como resultado del período comercial con la URSS, se pueden encontrar en los recetarios de la época diversas preparaciones con productos soviéticos como ingredientes mayoritarios. Nitza Villapol, el referente más conocido de la cocina cubana pre y pos-1959 por su programa *Cocina al Minuto* y sus publicaciones de mismo nombre, modificaría varias recetas tradicionales en función de utilizar estos nuevos ingredientes; entre ellas, los postres con leche en polvo importada o platos principales con carne enlatada (spam o carne rusa).[7] Verónica Cervera, una *foodie-blogger* cubano-americana que entrevistamos para Food Monitor, comenta cómo fueron adaptados estos productos en el hogar cubano: «Recuerdo que mi mamá adobaba la carne rusa con limón, comino y ajo, la dejaba reposar de un día para otro y luego la cocinaba

---

[7] El papel del spam en las cocinas cubanas pasó a ser fundamental para la elaboración de pastas de bocadito, sucedáneos de filetes o hamburguesas y componente de croquetas, albóndigas y más: «En los mercados, la gente batía aquellas latas sin etiquetas de papel y con el rostro de una vaquita pintado sobre el metal. Si sonaba mucho era que tenía más agua o grasa que fibra; si sonaba poco era «de las buenas» y valía la pena comprarla. La carne rusa estuvo tantos años acompañando la dieta de los cubanos que por antonomasia a toda carne enlatada se le agrega desde entonces el gentilicio de ese país» (14ymedio, 2017).

en sofrito. La comíamos en lugar de la ropa vieja con arroz, viandas y ensalada» (González Marrero, 2022). En paralelo, las formas de adquisición y cocción estarían cada vez más relacionadas con las representaciones de lo político, de su administración, medidas igualitaristas, subsidios y contratos con países «hermanos». Junto al recetario tradicional, el lenguaje sería moldeado a partir del sistema de racionamiento, reubicando la identidad alimentaria en términos de consumidor pasivo. En la medida en que se priorizaron productos del campo socialista y se eliminó el comercio con Estados Unidos, se allanaron las distinciones entre otrora marcas cubanas con las que se identificaban arroces, huevos, harinas o aceites de cocina. Los alimentos perdieron sus referentes, se volvieron productos genéricos sin diferencias de origen y calidad, más allá de la nomenclatura que el Estado le otorgara.

Crisis del Período Especial en Tiempos de Paz

Cuando la Unión Soviética se disolvió en 1991, desapareció el mercado preferencial que había abastecido 85% de las importaciones de la Isla, así como la entrada de divisa y el suministro de productos y piezas industriales para la producción. A este súbito recorte le siguió la precariedad de la década, donde tanto ingredientes nacionales como socialistas comenzaron a desaparecer de las cocinas cubanas. Entre 1990 y 1993, las importaciones cayeron a una cuarta parte de los niveles de 1989, mientras que el área total de cultivos cosechados en el país disminuyó de 82 a 14 millones de hectáreas (Borowy, 2011). La producción económica se redujo rápidamente y, para 1993, el PIB cubano se había reducido a 65,2% de su tamaño cuatro años antes (Mesa-Lago, 2005; Pérez-López y Murillo, 2003).

El anuncio, en agosto de 1990, del plan nacional Período Especial en Tiempos de Paz, avizoró grandes sacrificios para la preservación del proceso y desde entonces ha sido una etiqueta cargada de simbología y lecturas epocales. La cultura alimentaria supuso, en lo social y político, una ramificación mayor que la mera disposición regular de alimentos. Implicó proyecciones en el discurso nacionalista y el imaginario instituyente, y desde el colectivo social. En el propio discurso oficial la inseguridad alimentaria tuvo una incidencia extrema, al punto de suplantar la confianza en el proceso por la supervivencia biológica. En 1994, Raúl Castro aceptaba este desplazamiento como inevitable, aunque desde la politización de la comida: «Hoy el problema político, militar e ideológico de este país es buscar comida» (Báez, 1994).

Sonia Behar registra las repercusiones del hambre física de entonces más allá del plano fisiológico o de su naturaleza factual para explicar su incidencia en el devenir social cubano que, a la larga, sería uno de los registros principales de la depauperación de valores éticos y morales: «El hambre física tiene como consecuencias directas el robo y la estafa. Con el hambre desaparecen las normas de cortesía; por eso los gritos, los insultos y los ataques físicos» (2009:98). Por su parte, M. Perera expone al respecto que la ausencia de seguridad alimentaria, como fallo fundamental de la satisfacción de las necesidades personales y, sobre todo, mediada por una conciencia de clase o grupo vulnerable, tiene un alto impacto social: «[…] fractura la posición relativamente estable y socialmente condicionada ante formas de actividades sociales, ideales, imágenes conductoras, logros de la cultura material y espiritual» (1991:3).

La conexión entre la identidad nacional y la comida no habría tenido hasta entonces una cercanía tan evidente y catártica. Esta conexión involucra las expresiones alimentarias que las personas socializaron en momentos de crisis o desastres, que luego son lentamente «incorporadas» en el ADN nacional, colectivo, familiar e individual. Lo anterior puede rastrearse con facilidad en la psicología del cubano en términos de vocabulario, experiencia y representaciones de carencia emitidas desde el subconsciente colectivo. Entre las conversaciones que sostuvimos, los entrevistados recordaron «el sabor», «la textura» y «el olor» de alimentos específicos; por ejemplo, la textura grumosa del «Cerelac» o el olor de la col hervida como plato recurrente:

> *En el servicio militar había una cosa que le decíamos picadillo de tobillo de león. Lo que era, nadie lo supo nunca: tenía olor a pescado, pero no era pescado, era rojo, pero no tenía carne, y por más sazones que le echaras aquello no mejoraba. El nombre era otro misterio, quizás por describir el mal sabor y la textura (entrevista #18).*

En 1993, el programa *Cocina al Minuto* había sido cancelado debido a la política dirigida por el Departamento Ideológico del Comité Central del Partido Comunista de Cuba, al que se subordinaba el ICRT, de evitar mencionar la temática de la alimentación en los medios de comunicación. Según Elzbieta Sklodowska, este tipo de medidas dejaría a las mujeres cubanas en un terreno poco propicio para socializar sus reacomodos culinarios (2016:204).

Como resultado de estas carencias y de los escasos espacios para compartir formas autónomas de cultura culinaria, algunos ingredientes y productos fueron sencillamente relegados, tan vinculados como estaban en el imaginario popular a períodos de crisis. A saber, tras este primer período de crisis, la azúcar morena, las lentejas y los chícharos, entre otros productos, pasaron a considerarse alimentos «de pobres», relacionados con períodos de penuria. Podemos decir que la identidad alimentaria en crisis que percibimos a partir de 1991 instaló representaciones en el imaginario colectivo posnacional, que pasaron a formar parte de la fantasía, la mistificación y la añoranza alrededor de la cocina cubana.

Crisis en «coyuntura» y COVID-19

Si bien el Período Especial nunca tuvo un cierre oficial, aunque discretamente la prensa cubana dio a entender esto último a partir de 2000 (Pérez-López y Murillo, 2003:581), los cubanos siguieron refiriéndose a este como nunca acabado sino con modificaciones temporales en su condición. Sin embargo, en 2006, la transferencia del mando político en la Isla propició reformas económicas y migratorias importantes para la actualización del país que, si bien eran indispensables para la élite política-económica, realizaron cambios en las áreas de cooperativismo, financiación bancaria, peso del empleo estatal, tenencia de tierras, trabajo autónomo y compra-venta de propiedades. Esto, junto al acercamiento con Estados Unidos, tuvo una influencia favorable en la diversificación de comercios, la ampliación de importaciones y el fortalecimiento del tráfico migratorio de la diáspora cubana hacia la Isla, entre otros.

Estas dinámicas impulsaron otros hábitos alimentarios; con la influencia de los turistas, nuevos medios de comunicación (Henken, 2020:11-138) y muchos de los nuevos emprendimientos intentaron replicar formas extranjeras de comer. A partir de 2014 hubo una afluencia de nuevos restaurantes, fondas y cafeterías que enriquecieron esta percepción. Restaurantes libaneses, iraníes, italianos, japoneses, españoles comenzaron a hacerse populares con platos como falafel o sushi, antes poco vistos. Si bien este rango de establecimientos no era alcanzado por el cubano promedio, sí se diversificaron otros tantos que ofertaban pizzas y espaguetis, sándwich, hamburguesas, croquetas y todo tipo de dulces y postres, con mayor asiduidad de clientes. Esta ventana no duró mucho tiempo más; ante la retirada paulatina de gobiernos socios en la región se experimentó de nuevo un recrudecimiento de la escasez de importaciones y una depauperación de servicios públicos que culminó en el anuncio de una nueva crisis económico-comercial en 2019 como una situación «coyuntural», que muchos cubanos tradujeron como «un nuevo Período Especial».[8] A partir de entonces se presenciaron fuertes indicios de un agravamiento económico similar al de la década de 1990: contracción en la adquisición de combustible, escasez de medicamentos, la reducción de manera drástica de productos de primera necesidad como cárnicos, aceites de cocina, granos, productos de higiene y aseo, y a la par un encarecimiento en el mercado negro, creando una inflación sin precedentes. Todo esto, fue agravado por las medidas económicas estadounidenses, la pandemia COVID-19 a partir de 2020, el recorte del turismo y de las remesas, y el ensayo de reunificación monetaria y la Tarea Ordenamiento en 2021.

En general, debido al retroceso paulatino de políticas sociales que aún existían en los 90, las restricciones por las medidas sanitarias, unido a otros factores de índole política y jurídica luego del 11 de julio de 2021, los entrevistados coinciden en una sensación de empeoramiento respecto al llamado Período Especial:

> *Aquí la hemos pasado estos dos años muy difícil, nunca me había visto como ahora, ni siquiera en el famoso Período Especial. Mi hija y yo pasamos muchos días que estuvimos a pan con aceite y sal para garantizarle la proteína a los niños porque no alcanzábamos nada en las tiendas (entrevista #1)*

REPRESENTACIONES CUBANAS DE LA IDENTIDAD
CULTURAL ALIMENTARIA EN CRISIS

¿Cómo afectan las crisis económicas las conexiones sociales de los alimentos en las culturas nacionales? La inaccesibi-

---

[8] El presidente Miguel Díaz-Canel declaró, en la *Mesa Redonda*, el 11 de septiembre de 2019: «Tenemos que trabajar con el concepto de que nos debemos al pueblo, hay un compromiso con la información y lo que la Revolución necesita es que demos la gran batalla por defenderla, por la economía y le rompamos al Imperio el plan de destruirnos». Además, convocó a trabajar «con sentido de país, de nación, de Patria, de Revolución, de Socialismo, defendernos trabajando».

lidad a alimentos o la dependencia/conformidad a unos sobre la elección individual representan barreras significativas en forma de dificultades para navegar el nuevo entorno alimentario y preparar alimentos indeseados o desconocidos. La relación entre decrecimiento económico y cultura expone que, aunque los alimentos puedan estar físicamente disponibles, su elaboración acorde a la identidad cultural dependerá de la capacidad del hogar y del individuo para obtener estos alimentos. Dos dimensiones principales en el suministro y elaboración de los alimentos son el acceso económico y el acceso social, donde los ingresos juegan un papel fundamental (Briones, Cockx y Swinnen, 2018). Al influir en la inclusión social, la cultura también da forma al acceso social a los alimentos. El acceso a los alimentos también puede verse afectado por la exclusión de las estrategias habituales de adquisición de alimentos, su interrupción o sustitución por otros según políticas estatales. La cultura también determina el acceso individual a los alimentos a través de la distribución de alimentos dentro del hogar, según lo que se consideran las «necesidades» y las «contribuciones» percibidas entre los miembros del hogar. Otros canales de impacto son las creencias y normas determinadas culturalmente sobre el valor de lo que constituye una porción justa y "decente" la comida (Carloni, 1981:3-12; Pelto, 1984:285-293; Haddad *et al.*, 1996).

Las políticas distributivas, los productos alternos para palear la inseguridad alimentaria, así como las constantes modificaciones en los hábitos alimenticios en crisis —no escogidos o deseados—, imponen prescripciones —lo que se debe comer— y proscripciones —lo que no se debe comer— transmitidas socialmente. Tales tabúes se derivan de clasificaciones de alimentos de acuerdo con diferentes criterios, incluida la asociación al estatus social, percibido como moderno o saludable, entre otros. Las ansiedades en torno a la comida en crisis alimentarias han representado constructos idílicos con referenciales irreales sobre lo que

101

se considera mala salud o bienestar con pocas posibilidades de crear entornos factibles. Como se ve, la identificación humana de los alimentos implica procesos cognitivos complejos. Como dice Lévi-Strauss, la comida «no solo debe ser buena para comer, sino también buena para pensar». Para identificar un alimento, hay que «pensarlo», ubicarlo en el contexto y, por lo tanto, comprender el mundo, y en particular distinguir, ordenar y clasificar los elementos que lo componen. Un sistema culinario proporciona criterios que pueden utilizarse en estas operaciones mentales o, por así decirlo, una matriz prefabricada de las normas socialmente construidas que rigen la comida. Las relaciones entre los alimentos intervienen constantemente, por ejemplo, en forma de reglas de asociación y exclusión, principios de compatibilidad e incompatibilidad que podrían denominarse específicamente culinarios. Otros criterios se relacionan con las circunstancias sociales de la comida: una cena familiar o un acto de hospitalidad, ordinario o extraordinario, festivo o cotidiano, etc. Otros son cronológicos: hora del día, día de la semana, estación, etcétera.

Durante las dos crisis alimentarias severas en Cuba han surgido diferentes formas de negociar la comida y la inseguridad que supone su elaboración y distribución familiar, que apuntan a una ruptura entre las prácticas restringidas de consumo de alimentos y los conceptos comunales de normas, identidad y valores.

Nostalgias e idealizaciones de la comida

El proceso de adquirir y disfrutar los tipos de alimentos que los cubanos consideran absolutamente esenciales para la cocina y la identidad cubana es vista como una parte central de la cubanidad. En «Eating in Cuban», Rodríguez Drissi explica que, «comer cubano significa devorar la comida primero con los ojos, mirar más allá del plato, llenarlo varias veces, saciar el paladar y el apetito del corazón, desbordar los bordes de los sentidos, salvar distancias geográficas». En esta experiencia cultural, la comida cautelosa y frugal es una señal de fragilidad, fealdad e incluso ausencia de amor y atención (2013:87). Varios estudios antropológicos concluyen que la principal preocupación de muchos cubanos es la suplementación de su ración mensual de alimentos con otros que consideran esenciales para mantener su ideal de la cocina cubana. En «Disconnecting the Mind and Essentialized Fare: Identity, Consumption, and Mental Distress in Santiago de Cuba», Hannah Garth registra entre sus entrevistados, durante los años 90, un importante sentido de nostalgia y frustración ante la dificultad de acceder a alimentos de calidad y otros bienes. La vergüenza y la decepción de algunos respecto a la comida aumentan debido, según ella, a que los cubanos conectan el orgullo de su cocina nacional con su sentido de identidad cubana.

De manera general, en las entrevistas que condujimos se repite el deseo por comer elaboraciones con alimentos que no se incluyen en el racionamiento o que son entregados en cuotas reducidas; tales como cerdo, ternera, garbanzos, frijoles colorados, leche, aceite de cocina, huevos, vegetales. Además, los entrevistados recuerdan alimentos que podían comprarse como parte de la comida callejera o platos que sus abuelos les preparaban: las croquetas de pollo de la Dominica o las butifarras El Congo, cuáquer, majarete, chilindrón de chivo, vaca frita, frituras de seso de res o de bacalao, la fabada o el caldo gallego, entre otros platos de herencia española. A la pregunta de si han variado sus preferencias alimentarias, la mayoría responde que no, los gustos se mantienen, incluso se idealizan, pero no se cumplimentan:

> *El mayor de los placeres desde mi punto de vista, un escalope de cerdo, una riñonada, el cerdo asado y el pollo en salsa con papas, el atún, un buen filete de aguja. Pero*

yo soy un hombre que se adapta desde niño, recuerdo
cuando estaba becado que hacía refresco con agua y unos
caramelos dentro del recipiente (entrevista #6).

En este sentido, existe una importante sensación de conseguir adaptarse a las necesidades, como afirma este entrevistado; pero siempre desde el enunciado de que los gustos culinarios no se han modificado:

> *Considero que mis preferencias alimenticias no han*
> *variado, me siguen gustando las mismas cosas, pero*
> *sencillamente nos hemos adaptado ya a comer lo que hay,*
> *pero bueno si, de gustos, a veces uno desea comer cosas,*
> *uno a veces desea degustar otras cosas, pero comes lo que*
> *hay y te adaptas (entrevista #8).*

Los productos alimenticios clasificados como comestibles y aptos para el consumo están sujetos a normas de decoro y contexto. Ningún alimento es apropiado para todos, en todo momento, en todas las circunstancias, en cualquier cantidad.

Negociaciones e inventos
en la identidad cultural alimentaria

Como consecuencia de la crisis, la identidad alimentaria ha trocado su sustrato en un ejercicio resignado, mas no exento de resistencia y subversión. Desde los 90, la elaboración culinaria como constructo memorístico se conformó por microrresistencias cotidianas. La práctica de recrear recetas fundadas en lo memorístico, pero a la larga intervenidas, confirió a la elaboración un carácter inconformista y subversivo, pero también representaba una metáfora singular donde se involucra la identidad y la nacionalidad alimentarias.

Durante los años 90, en la medida en que la ausencia de alimentos otrora cotidianos se hizo más sistemática, los cambios en el recetario popular estuvieron marcados por una «cultura de la invención». Se hicieron comunes las recetas «sin», compensadas por las recetas «con», según el ingrediente sustituto o en falta. Por ejemplo, al ser el pan uno de los alimentos normados que se priorizaron, se hizo popular el pudín de pan viejo y «sin huevo» (Fundora, 2021). En la edición de 1988 de *Cocina al Minuto*, se pueden encontrar algunas de estas recetas como «panetela de pan viejo», «panetela sin Royal», «Mayonesa sin huevo» (I y II), «Pudín de pan» (I, II, III, IV), caldos sencillos como la sopa de ajo, las recetas para «estirar» la carne o «aprovechar» las sobras; así como propuestas de utilización de partes de alimentos antes desechados, como las cáscaras de vegetales o frutas (el picadillo de cáscara de plátano verde, por ejemplo).

En su estudio de campo, Anna Cristina Pertierra identifica a las amas de casa, desde su papel vertebral en la familia tradicional, como las cabecillas de estas resistencias cotidianas y las responsables de crear y popularizar estos inventos:

> *Las mujeres en Santiago de Cuba me contaban regularmente de los «inventos» que idearon a mediados de la década de 1990 para maximizar cualquier alimento disponible, a veces también aprendiendo a preparar platos completamente nuevos. Los vecinos compartían recetas para usar los alimentos en formas antes inconcebibles; uno de los ejemplos más famosos era la introducción de los plátanos fongo (que anteriormente se consideraban un alimento apto solo para cerdos), e incluso las pieles de los plátanos se ablandaban y se freían como filetes (2008:764).*

El empeño identitario por mantener prácticas culinarias a pesar de la escasez de ingredientes dio lugar a sustituciones muy extravagantes. Un documento de cita obligatoria es el folletín «Con nuestros propios esfuerzos. Algunas experiencias para enfrentar el Período Especial en tiempo de paz» (1992), que incluía platos insólitos sugeridos por la población, como «croquetas de verdolaga», «ensalada de ceiba», «pizza de huevos revueltos sin queso», «bagazo de caña como fibra dietética», «flan de chícharos», entre otros.

Lenguaje oficial y extraoficial en torno a la comida

Estas negociaciones no están vinculadas solamente a gestiones e inventos, sino que modifican asimismo el lenguaje, como uno de los constructos sociales intervenidos de forma radical. La comunicación vernácula, el lenguaje de doble sentido, las frases encriptadas acompañaron las actividades, tanto formales como informales, en torno a la comida. Desde la primera crisis, se instauraron nuevos nombres, descripciones y recetas en el imaginario, fruto de la escasez y la improvisación.

Desde la esfera oficial, la formalidad cotidiana de «ir a la bodega» incluye un vocabulario muy sugerente, presente en el imaginario popular, así como las formas de racionamiento socializadas por el proceso. Los productos entregados a la población siguen nomenclaturas de distribución: «subsidiados», «normados», «liberados», «regulados», «controlados»; el acceso al sistema de compras en las bodegas, o sea las colas, se ordenan por «plan jaba»[9] y «plan de la calle».

Entre los productos entregados de esta manera, por ejemplo, en la cartilla de cárnicos han figurado desde los años 90 productos como «masa cárnica texturizada» y «cerelac» (bebida de soya para suplemento dietético); las cafe-

---

[9] El Plan Jaba es un sistema de identificación de núcleos familiares que otorga prioridad en la compra de productos normados en la red de bodegas en Cuba. Contempla a trabajadores que deben cumplir un horario laboral y personas con invalidez física total comprobada. También incluye a personas ancianas que vivan solas o posean algún tipo de limitación o discapacidad. Aunque actualmente muchas unidades de venta no respetan este programa, la Federación de Mujeres Cubanas aprobó en su X Congreso, en marzo de 2022, un tratamiento cercano de este.

terías estatales ofertaban «perro sin tripa» o «sopa de gallo» (agua con azúcar morena), esta última también conocida como «milordo» o «El Prisma», en referencia a un programa de televisión que aparecía minutos antes de medianoche —lo que describía la necesidad de tomar esta bebida para «calmar el hambre»—. Otros más frecuentes hasta hoy día han sido el «picadillo extendido», «pollo por pescado» (entrega de un producto en sustitución de otro en falta), «leche de población» (cuota de leche en polvo para sectores específicos como niños menores de 7 años y personas con dietas especiales), «picadillo de niño» (carne molida destinada a la dieta infantil), «jamonada especial» (embutido de segunda), «huevos liberados» (productos no regulados), «novena de carne» (entrega cada nueve días).

En la esfera extraoficial, se instalarían similares descripciones. A partir del choteo popular, la carne de ave con la que elaboraran croquetas, hamburguesas y otros derivados en estos establecimientos fue renombrada por los consumidores como carne «de ave(rigua)» u OCNI: «Objeto Comestible No Identificado». Así lo recuerdan varias de las personas entrevistadas que vivieron esta etapa:

> *Era mucho el menú de entonces: Masa cárnica extendida, masa cárnica texturizada; el fricandel, que era como un embutido de turbia procedencia. Perro con y sin tripa, esos eran la versión canalla del perro caliente, con tripa si venía en forma de salchicha, sin tripa cuando era la masa nada más. En aquella masa lo mismo encontrabas pedacitos de hueso molido que pelos que un premolar con dos caries. También estaban las hamburguesas superZaz, conocidas como Mc Castro, las McCastro vinieron primero por aquella cadena estatal Zaz y después superZaz (creo que eran dobles), pura suela de zapato norcoreano. Las McCastro eran las McDonalds socialistas y se vendieron entre los años 1990-1994 aproximadamente, después las entregaban en los CDR (entrevista #16).*

Estaba también la guachipupa, el refresco «de paquetico»,
mucha tisana e infusión que era lo más económico, refresco
«de con» que era un concentrado de naranja pero que
no sabía a naranja así que le decíamos refresco de con.
Recuerdo el helado Tropical, que en broma decíamos que
«sabía a frío». También aquellos alimentos dudosos como el
queso fundido, el yogur de soya, el picadillo de gofio, aunque
este fue una receta auténtica de Nitza Villapol, pero bueno,
«los compañeros» siempre van a más (entrevista #14).

La «lucha» en las redes sociales para el acceso a la comida

Los ingredientes y alimentos para una cena «especial» en
Cuba no son solamente difíciles de encontrar, sino que su
adquisición, en algunos casos, es prohibida, resultado de
trueques, concertaciones en la economía moral, operaciones clandestinas. Esto lleva a un conjunto de prácticas, desde nombres en clave hasta formas de comunicación veladas.

Para los cubanos, no es solo lo que se come lo que está
vinculado al sentimiento de bienestar de la comida, sino
los ejercicios cotidianos para adquirir lo que se considera
esencial para lograrla, este ejercicio más ampliado se conoce como «la lucha». Vincent Bloch comenta que la lucha es un ejercicio que torna borrosas las fronteras entre lo
cotidiano y lo simbólico, que interpreta para su beneficio
las normas oficiales y los comportamientos oficiosos. La
lucha defiende una misma lógica, instrumental y afectiva,
que justifica la ruptura de normas y trastoca los fines morales absolutos (2018). Un ejemplo de la amplificación de
la lucha es que 80% de los entrevistados afirma destinar en
alimentos y gastos básicos entre 75%-200% de sus ingresos.
Este elevado por ciento se explica a partir de la recepción
de divisas, así como la vinculación de los cubanos en mercados negros o grises; principalmente porque sus ingresos
formales no alcanzan para cubrir un tercio de sus necesi-

dades alimenticias, y la libreta de abastecimiento no las garantiza más allá de 10 días del mes.

Para los entrevistados, la lucha no se concreta únicamente en superar la escasez de alimentos, sino en estar preparados ante los constantes cambios en las políticas estatales, en cómo sobrevivir a ellos y subvertir sus controles. Como solución, 75 % de ellos afirma utilizar las redes sociales para informarse sobre abastecimientos, trocar alimentos y encargar otros productos en el mercado negro. De este modo, grupos de WhatsApp y Telegram, organizados por municipios, con miembros desde 200 hasta 90 000, comparten información de abastecimiento, horarios, turnos, incluso de avisos sobre controladores y órganos policiales en las unidades de compra.

El Internet móvil ha dado la oportunidad de diversificar los accesos a comestibles, aunque no necesariamente exitoso. De hecho, las tiendas *online* estatales representan un componente de gestión, como describe este testimonio:

Cuando tengo megas en el teléfono por Internet, trato de acceder a una página de compras virtuales llamada Tuenvío.com. Ahí la oferta es deficiente, podemos hablar de congestión, errores, respuesta del servidor erróneas. Durante el horario de apertura tienes que lograr «loguearte», este proceso dura alrededor de 8 horas, en las cuales se repite lo mismo, en cada tienda; o sea, debes estar constantemente actualizando hasta tanto tengas suerte de ver el producto o el combo, lo que vayan a sacar. Si lo ves, tienes que tratar de añadirlo al carrito rápido, ¡eso es rápido!, y si logras añadirlo va a ser como sacarte la lotería, esa es ¡la lotería del cubano! En este proceso, puedes a veces invertir varios días, de 8 horas cada jornada, porque te estoy hablando de que son 8 horas y abren 4 tiendas, y no poder comprar absolutamente nada, varios días, yo he estado 3 días intentándolo y nunca, no logro ni verlo, a veces lo logro ver y no lo logro añadir, en fin, es una cola virtual (entrevista #8).

A partir de la observación participante en estos grupos, podemos constatar, primero, que con la llegada del Internet a los celulares en 2018 se ha canalizado una socialización colectiva con impacto en la comunidad (González Marrero, 2020); segundo, que la comida como símbolo cultural se ha convertido en estos espacios en un lenguaje de angustia socialmente significativo.

Socialización de elaboraciones de la comida en crisis

Si bien con la salida del aire del programa *Cocina al Minuto* las cubanas perdieron un importante espacio de socialización de la cocina en crisis, sustituyéndolo precariamente por recortes de recetas publicadas en las revistas *Mujeres* y *Bohemia*, a partir de 2018 pudieron compartir sus elaboraciones por Internet. Grupos de Facebook con más de 15 000 miembros han sido el espacio alternativo donde madres cubanas han estado compartiendo recetas de aprovechamiento y resiliencia; sobre todo para, en medio de la escasez, hacer atractivo y económico los platos para los infantes de la casa. En esta segunda crisis, la narrativa ha sido de mayor reconocimiento político y aceptación de fallos y elementos de crisis. Muchas de las publicaciones que se ven en grupos creados con este fin comienzan de esta manera: «[...] cuando usted no tiene mucho en el frío, ni puré de tomate, y tiene que racionalizar su pollo porque no da la cuenta, ni las colas kilométricas para adquirirlo...».[10]

En esta socialización colectiva no solo se comparten recetas de resiliencia como pasta de bocaditos de arroz, croquetas y pizza de pan, yogurt y queso casero, entre otros. También se aconseja cómo identificar o cocinar alimentos que el go-

---

[10] Aunque los grupos son públicos y pueden rastrearse en Facebook, preferimos no hacerlos explícitos por cuestiones de sobrevivencia y seguridad de sus miembros.

bierno entrega sin descripción, productos de donaciones extranjeras, que la población no conoce, como semillas y retoños varios. Los objetivos en la cocina acá se diversifican para mostrar otras formas de negociación desde el subconsciente colectivo. A la pregunta de en qué medida afectaba las habilidades cotidianas hacerse cargo de la alimentación en el contexto actual, una miembro del grupo contestó:

> *Es difícil, pues junto a los alimentos básicos también empezó a desaparecer el pan, las galletas, los refrescos y es ahí donde entra a jugar su papel la creatividad de las madres cubanas. Llegó un momento en que desde que abría los ojos en las mañanas ya era metida en la cocina. Puedo decir que en estos casi dos años de pandemia he aprendido a hacer muchísimas recetas que antes no sabía, pero en cierta manera sí ha afectado mi vida personal pues ahora dedico más tiempo a la cocina que a otras actividades. En otras palabras, la vida del cubano se ha resumido en trabajar, buscar comida y cocinar (entrevista #18).*

CONCLUSIONES

La comida juega un papel fundamental en la construcción de identidades nacionales y culturales, está «repleta de significado social, cultural y simbólico». La presencia cultural en la seguridad alimentaria, dígase la capacidad de practicar rutas alimentarias actúan como forma de transmisión y expresión social y acentúan la identidad cultural. En lo colectivo, mejora múltiples componentes de bienestar y conduce a la disminución del estrés, a una mejor salud y a un mayor sentido de pertenencia, comodidad y seguridad.

El «comer cubano significa devorar la comida primero con los ojos, mirar más allá del plato, llenarlo varias veces, saciar el paladar y el apetito del corazón, desbordar los bordes de los sentidos, salvar distancias geográficas». Entonces, la comida cautelosa y frugal producto de la crisis alimentaria es una señal de fragilidad, mueca e incluso ausencia de amor y atención que repercute en las relaciones sociales. Durante las dos crisis alimentarias severas en Cuba han surgido diferentes formas de negociar la inseguridad alimentaria que apuntan a una ruptura entre las prácticas restringidas de consumo de alimentos y los conceptos locales de identidad y valores. Junto a períodos de penuria se han encontrado trucos, inventos y sustitutos, componentes todos de la tensa relación que los cubanos han tenido con los alimentos. Esta inseguridad ha provocado una desconexión, una pérdida de identidad y deformación cultural en lo que a comida se refiere. Alrededor de la crisis se han construido tabúes alimentarios, conceptos de lo que es percibido o asociado con memorias de miseria, prácticas subrepticias para lograr lo que se reconoce como una comida «decente», entre otras percepciones y ejercicios sociales.

La preeminencia de la tensión, el estrés, y la incertidumbre señala las rutas fallidas para la construcción de la nación en términos alimentarios y culturales; así como los límites de agencia, de construcción y desarrollo de la identidad cuando —como dice este testimonio— «el cubano ya yo creo que no piensa en más nada, porque realmente se ha vuelto una lucha, la lucha del cubano es esa, tener comida».

4

ENCONTRANDO EL HUMOR
EN MEDIO DE LA CRISIS

La risa representa un medio
de expresión no oficial y subversivo,
una libertad en medio de las restricciones
Mijaíl Bajtín

Hablar de humor en medio de la dictadura parece a primera vista un contrasentido. Lo anterior, si se aborda a partir del proceder restrictivo en el que se fundamenta *per se* dicho régimen político, cuyo mantenimiento depende de establecer un límite a las libertades y los derechos humanos de los ciudadanos. Bajo la anterior perspectiva, el humor podría percibirse como un imposible, como aquello que no tiene cabida en el imaginario colectivo en tanto supone una suerte de desafío cuando se plantea en contraposición de lo establecido. Pese a ello, y retomando la frase que inaugura el presente capítulo, en palabras de Mijaíl Bajtín (1984), el hecho de considerar el humor y el acto de *reírse* ante lo que sucede —especialmente si es en un contexto represivo— puede considerarse algo subversivo al inaugurar una suerte de libertad que se consideraba perdida, generando ruido ante el irrevocable silencio que pretenden las dictaduras.

Aterrizando lo anterior al caso de Cuba, país en donde persiste una dictadura desde hace más de sesenta años, abordar el humor resulta una tarea imperante. Mediante una somera aproximación al contexto político de la Isla, este último se ha encargado de distorsionar de manera contundente los patrones de comunicación y asociación de la población desde 1959, privilegiando ante todo la actividad estatal y dando así, por hecho, un nivel monolítico de participación ligado al *establishment* (González y Chaguaceda, 2019; González Marrero, 2019; 2020). Bajo la anterior premisa, el régimen cubano, en su pretensión de control, ha buscado intervenir el propio ecosistema cívico —naturalmente heterogéneo— a favor de lo establecido, buscando homogeneizar sus diversas expresiones y manifestaciones. En tal panorama, partiendo de la noción subversiva de Bajtín, los cubanos, en su cotidianidad, han logrado introducir diferentes mecanismos como contraposición al *statu quo*, resultando así en todo un cuerpo de manifestaciones encarnadas en la sátira y el humor que, como instrumentos infrapolíticos, exponen la resistencia de la ciudadanía ante la versión de la historia que les es contada.

Si bien el espectro para analizar las expresiones subversivas por parte de los cubanos podría incluir múltiples aspectos, temáticas o sucesos que los afectan, el presente capítulo versará sobre las diferentes maneras lúdicas —mediante la sátira y el humor— con las que han buscado negociar su cruda realidad en torno a la comida. En este sentido, hablar de comida permite abordar múltiples fenómenos que convergen en dicho ámbito, siendo algunos de estos la escasez, el desabastecimiento, y como consecuencia, la precaria garantía del derecho a la alimentación.

Esto se sustenta en Cuba de manera clara, mediante diferentes datos, como expuso recientemente el Programa Mundial de Alimentos (2021) al exponer que la dieta del hogar cubano es bastante precaria en cuanto a micronutrientes y que resulta poco saludable debido a la poca variedad de alimentos —como consecuencia de la escasez— y a la persistente crisis económica; llevando, esta última, al incremento del precio de diversos alimentos que cada vez son más difíciles de adquirir, inclusive en los comercios en MLC, así como en el mercado negro, al cual muchas personas deben recurrir.

Asimismo, la crítica situación de los cubanos en su acceso a la alimentación se refleja en los esfuerzos titánicos para obtener comida y diversos productos, resumidos en una palabra: filas.

Las filas para comprar alimentos son una constante [...]
A esto se suman insuficiencias económicas internas y
problemas con la reforma monetaria [...], que implicó un
aumento promedio de salarios de 450%, pero también el
alza de los precios (AFP, 2022).

Con esta somera aproximación, el contexto crítico en términos de alimentación en la Isla ha dado pie para que muchos cubanos manifiesten su sentir haciendo uso de chistes y expresiones satíricas para sobrellevar y enfrentar la precariedad de alimentos sustentada por el propio régimen.

Partiendo entonces del rol del humor como mecanismo de respuesta por parte de una población cada vez más activa frente a los mensajes oficialistas, en el marco de una dictadura con crisis de alimentos, surge el presente capítulo, que busca aportar una aproximación acerca de cómo los cubanos se han servido de dicho mecanismo para soportar asperezas sociales, dar forma y cuestionar el dominio público de la deliberación, identificando así el humor como un arma importante en el arsenal de la sociedad civil frente a la prepotencia que se percibe del Estado (Obadere, 2009).

De esta manera, el presente capítulo presenta un primer apartado sobre la importancia del choteo y su significado en la sociedad cubana, vislumbrando un poco de sus orígenes y primeras expresiones en los años iniciales de la Revolución. Posteriormente, se expone cómo han surgido y se han desarrollado diferentes expresiones de choteo y humor que han servido de referente para que la sociedad civil manifieste su sentir a través de tal mecanismo infrapolítico. Así, se realiza una aproximación a través de su impacto en la década de 1990, enmarcada en la crisis económica del llamado Período Especial, en la «Coyuntura», acaecida en 2019, y la crisis sanitaria y económica agravada por causa de la pandemia de la inesperada Covid-19, que se han traducido en una agudización de la crisis alimentaria.

De acuerdo con Hidalgo (2013), las reflexiones sobre el choteo comienzan en el siglo XX y forman parte de las incipientes vanguardias en Cuba; aunque su práctica ha estado presente en la sociedad desde mucho más antes. Para entender en qué consiste el choteo cubano hay que remitirse primero al significado que ha tenido el humor en los contextos cambiantes que se han vivido en la Isla. Rebecca Salois (2017) expone que el humor está directamente relacionado con la identidad individual y colectiva, y, en el caso del choteo, intrínsecamente relacionado con la identidad cubana, siendo una parte fundamental del «habla popular» en Cuba y un elemento del carácter cubano.

En 1928, el cubano Jorge Mañach, en su ensayo «Indagación del choteo», lo categorizó como un obstáculo al desarrollo de las instituciones culturales para una nación madura, exponiéndolo en dos gestos simultáneos: «igualarse a alguien de autoridad superior, desacralizar con humor los emblemas de esa autoridad y juzgar, incluso, que no haga sin poseer los atributos sociales que supuestamente le corresponden» (Valdés-Zamora, 2008). No obstante, es relevante aclarar que dicha caracterización iba encaminada a señalar el hecho de que los cubanos, a través del choteo, no se tomaban nada en serio, por lo cual, difícilmente, podrían avanzar hacia un estado de modernidad, civismo y desarrollo al estilo europeo

La apreciación de este autor, por ser uno de los primeros en hablar en profundidad sobre el tema, resulta importante; pero, aunque parte de la forma en que lo expone y se acerca a lo que significa dicho concepto, no debe limitarse solo a ello y mucho menos a la crítica enunciada. Bennett contrapone dicha premisa a través del estudio de tres obras teatrales, buscando demostrar que el choteo no es una

actitud de rebeldía disruptiva que debilita el carácter nacional cubano sin resultar endémico, sino un modo de

expresión marcadamente cubano cuya falta de seriedad
funciona como un mecanismo de supervivencia frente a la
inestabilidad sociopolítica (2015:40-66).

Asimismo, al ser un humor que revela las tensiones entre sectores sociales, políticos o económicos, ha servido para oponerse al discurso del poder dentro de Cuba con una voz antijerárquica que, por medio de la burla, critica el sistema y demuestra el descontento y la frustración de los individuos con el gobierno y los que tienen el control (Salois, 2017).

Como se ha expuesto, el choteo ha sido una pieza intrínseca en la cultura cubana y ha servido como forma de expresar aquello que ha sido limitado en otros espacios, empezando por la era colonial, pasando después por los distintos gobiernos de la primera mitad del siglo XX, la dictadura de Batista (1952–1959) y la llegada de la Revolución cubana (1959) hasta nuestros días. Una de sus principales e incipientes formas de expresión se ha desarrollado en el teatro. Según Bennett (2015:40-66), las obras de Virgilio Piñera como *Electra Garrigó* (1941), *Jesús* (1948) y *Aire Frío* (1960) reinventaron la definición del choteo, pasándolo a la puesta en escena, logrando así mostrarlo como una poderosa fuerza de creación de comunidad e identidad compartida durante los tumultuosos años del período pre y posrevolucionario.

Es imprescindible acotar que, aunque antes de 1959 las condiciones en Cuba no eran las mejores y estaba bajo un régimen dictatorial, con la llegada de Fidel Castro al poder se incrementó el hostigamiento y la limitación de las áreas de participación, de la mano de una fuerte censura que ha desconocido todo lo contrario a la ideología marcada. Limitación que comienza en 1961 con «Palabras a los intelectuales», donde Fidel advierte que «dentro de la Revolución, todo, contra la Revolución, nada», dando paso a eliminar todo lo que contrariara sus ideales y al Quinquenio Gris, con una pobre creatividad a causa de las barreras que el poder político impuso a los artistas, que generaron rupturas en la sociedad cubana.

Bajo este contexto, en el caso del choteo, dramaturgos como Piñera y José Triana lo usaron de manera que el gobierno cubano cuestionara sus lealtades políticas al sentirse el blanco del humor de sus obras, prohibiéndoles publicar y producir dentro del país; esto, en el caso de Triana, lo condujo a un exilio interno y externo, además de producirse en los años 70 y 80 poco teatro escrito —o publicado— en la Isla que incluyera el choteo (Salois, 2017). Sin embargo, pese a la impetuosa censura, el choteo no murió, sino comenzó a cambiar la forma en que predominaba, haciéndose presente en otros espacios «más clandestinos», como los cuentos populares pasados de generación en generación; lo cual se reflejó con mayor intensidad, aunque no exclusivamente, en el Período Especial.

Período Especial y crisis económica y alimentaria

Con la caída de la Unión Soviética en 1991, comenzó un gran período de crisis económica en Cuba, dando lugar al conocido Período Especial. A medidos de 1990, los cubanos fueron informados de que se restringiría el consumo de combustible y demás productos energéticos, que ya no estaban arribando de la URSS con la frecuencia acostumbrada, y se reconoció que se comenzaba «a transformar la vida de nuestro país de una situación normal a un período especial en época de paz» (Alba, 2016). En el verano de ese mismo, se realizaron los Juegos Panamericanos en La Habana, en medio de una escasez de alimentos por causa de la crisis económica generada por la pérdida del comercio subvencionado y la falta de aliados.

Es así cómo en esta etapa, que perdura hasta 1995, se impulsa una avalancha de cambios, imprevisibilidad e inseguridad que no solo estuvo durante este tiempo, sino que se sigue viviendo en la actualidad. Con el Período Especial se deterioraron casi todos los indicadores y servicios sociales, por lo que se comenzaron a introducir estrategias de focalización y familiarización de la política social, retirando poco a poco los recursos del Estado y transfiriendo más responsabilidades a la familia, en particular a las mujeres, para mantener esos «excelentes indicadores» que se estaban dando anteriormente (Acosta, 2019).

De tal modo, en lugar de reflexionar sobre las luchas o los problemas, sus causas y posibles formas de resolución, los cubanos buscan eliminar las preocupaciones de la atención inmediata y se centran en cosas positivas y cuestiones sobre las cuales se tiene mayor control. De este proceso han surgido prácticas de desahogo en torno al acceso de comida y otros productos de consumo básico, que vale la pena mencionar.

Una forma popular de «desconectar» fue desde entonces el choteo, que tomó lugar en forma de chistes y cuentos cortos en los años 90; una deconstrucción de la percepción que se tenía de seguridad alimentaria vinculada al discurso socialista desde el uso de la ironía y el humor. Los apagones fueron un momento que podrían describirse en términos de sociabilidad como «espacios libres», de confidencia, donde se reunirían las personas a conversar sin protocolos ni formalismos. A *vox populi* se harían famosos chistes y cuentos de Pepito.

Acorde con Valdés-Zamora (2008), a fuerza de querer criticar o ignorar la voz autoritaria del discurso oficial, el mejor ejemplo de choteo terminó por ser casi mudo, al escoger una oralidad en voz baja, un susurro, por falta de prueba escrita por temor a la acusación, pues Pepito, como niño, dice lo que piensa sin reflexionar y, lo que él piensa y dice, equivale, casi siempre, a un comentario sobre lo que acontecía en ese momento en el país (véase el Anexo).

En este primer momento, se ve un uso expandido, una amplificación de ejercicios infrapolíticos, de política cotidiana, con un matiz irónico que discursa, interpela, exige cambios en las políticas estatales desde el humor. A través de este tipo de expresiones es posible observar la relación directa con el discurso de Raúl Castro en 1994, donde aseguraba que el principal problema de la Revolución en ese momento era conseguir comida, tema que siguió dilatándose y cobró mayor relevancia a partir del anuncio de la Coyuntura, cuando miembros del Buró Político propusieron soluciones de cultivos experimentales como el avestruz. Estos han sido actualizados hoy día en las plataformas revisadas, en forma de memes y *stickers* —expresiones que se profundizan en el siguiente apartado.

Coyuntura y crisis económica por el Covid-19

El 11 de septiembre de 2019, en comparecencia especial del presidente Miguel Díaz-Canel en la *Mesa Redonda*, se declaró el período «coyuntural» en Cuba. Dicha comparecencia giró en torno a informar acerca de las medidas que debía adoptar el país ante la crisis energética que se venía gestando desde hacía varios años. De hecho, desde 2016, «Marino Murillo, vicepresidente del Consejo de Ministros, reconoció que existían problemas con la disponibilidad de petróleo y aclaró que esta coyuntura exigía un estricto ahorro y un uso eficiente de la energía y los combustibles» (E. Díaz, 2016). Ante dicho panorama, Díaz-Canel hizo un llamado a la austeridad y al ahorro ante una crisis coyuntural que venía afectando el transporte, la mercancía y la generación de electricidad debido a la «gran escalada» de la administración Trump, a quien el mandatario señaló como responsable de la disminución de la llegada de combustible al país; que impactó de manera directa a la economía y el bienestar de los cubanos, en tanto la Isla debe importar cerca de 60% de combustible que consume, lo cual corresponde a 9 millones de toneladas anuales, respectivamente (*Swissinfo*, 2019).

Así, aludiendo ahora a las medidas tomadas por el Gobierno en boca de Díaz-Canel, se habló de la necesidad de paralizar la producción de productos no esenciales y la disminución de la actividad de ciertos sectores industriales para que su funcionamiento no coincidiera con los horarios de consumo energético más alto y demás estrategias para sobrellevar el impacto socioeconómico ante la falta de combustible (Romero, 2019).

Mientras el presidente procuraba tranquilizar a la población cubana, sin descartar los apagones e intentando que estos les tocaran a todos «lo más parejo posible», junto con una crisis económica de larga data, el panorama respecto a los alimentos se agravaba. Con la duda extendida del surgimiento de un «nuevo Período Especial», esta coyuntura dejaba atisbar lo que sería una etapa crítica en términos del acceso a la comida —la cual se mantiene en la actualidad—. Así, lo anterior se manifestó, por ejemplo, en el desabastecimiento de productos como la harina de trigo, «[…] luego escasearon los huevos, el aceite y los productos cárnicos. En algunas zonas, incluso el arroz, básico en la dieta nacional» (Muñoz, 2019). El desabastecimiento, entonces, fue uno de los primeros síntomas de la crisis.

En efecto, debido a la paralización de la producción de bienes y alimentos básicos para el consumo nacional, a las bodegas y a las tiendas empezó a llegar cada vez menos leche fresca, pan, cárnicos y demás alimentos propios de la canasta básica de cualquier cubano (*CiberCuba*, 2019). Esta paralización se hizo efectiva tras lo estipulado por la Dirección de Energía del Grupo Empresarial del MINAL, que, además de estipular la disminución en la producción de los anteriores alimentos, también la establecieron para otros, como las pastas alimenticias, el café, las operaciones pesqueras de acuicultura, los vegetales, bebidas, refrescos y cervecerías (íd.). Asimismo, y según lo planteado por el ministerio de Comercio Interior, se «racionaría la venta "liberada" de salchichas, pollo, arroz, chícharos (arvejas), frijoles, huevos y aceite, además de la de jabones, detergentes y pasta dental» (Muñoz, 2019).

Como si lo anterior no fuera suficiente, por desgracia, en 2020 llegó la pandemia de la Covid-19, que generó una crisis sanitaria y económica mundial, dentro de la cual empeoró, en Cuba, este escenario, que ya presentaba dificultades, al no poder contar con los ingresos que se recaudaban por medio del turismo internacional. A razón de esto, en enero de 2021, se implementó la «Tarea de Ordenamiento», a través de la cual se eliminó el CUC, se estableció un nuevo tipo de cambio oficial devaluado del CUP, se reformaron los precios, salarios y pensiones, asumiendo que dichas medidas reordenarían el caos monetario y cambiario existente desde hacía mucho tiempo atrás (De Miranda, 2021).

Tan solo a mes y medio de esta medida, se presenta una cotización del dólar en el mercado informal duplicada a la oficial, junto con el tope de los precios de los productos alimenticios y de uso corriente, generando una reducción de la oferta y, por consiguiente, el aumento de su escasez (Amor, 2021); la cual, lejos de acabar, empeora cada vez. De esta forma, las colas que de por sí ya eran bastante demoradas han aumentado las horas de espera, haciendo del conseguir alimentos y medicinas toda una travesía para los cubanos. Muchas veces ni siquiera en las tiendas de MLC, que solo aceptan divisas cuando la mayoría cobra exclusivamente en CUP, ha sido posible conseguirlos, lo que ha llevado a recurrir a otros medios como el intercambio a través de Internet o el mercado negro.

Los memes como nueva forma de humor para las crisis

Para Obadare (2009), los chistes son cosas serias. Por tanto, constituyen una metáfora que permite reconocer la distribución del poder, mientras fungen como medio para reunir a quienes se encuentran en los márgenes de este, requiriendo por ello especial atención como grupos subordinados. La perspectiva de dicho autor puede extrapolarse y evaluarse a la luz del caso cubano, en donde aquellos al margen del poder son, precisamente, la mayoría de ciudadanos que carecen de alimentos, ante lo cual construyen alegorías cómicas en contra del *establishment*. Palabras más palabras menos, tal como se presentó en el Período Especial durante los años 90, en el marco contextual que acarrea la crisis energética de 2018 y el establecimiento de la «coyuntura», y en la sanitaria y económica por causa del Covid-19 y la Tarea de Ordenamiento, la reproducción de memes y demás expresiones que hacen apología al humor ha sido protagonista, resaltando aquellas relacionadas con la comida y la alimentación. Si bien dichas representaciones son múltiples, en estas, hay una figura principal que no solo ha brillado por su presencia en los *memes*, sino también por su ausencia en la mesa de miles de familias cubanas que la tienen como alimento trascendental en su dieta y tradición —sobre todo en las festividades—: la carne de cerdo.

El dilema en torno a la carne de cerdo cobró especial protagonismo a finales de 2021. Las festividades se acercaban y este plato parecía no llegar a la mesa; y, en efecto, para muchos, no lo hizo. El que dicha proteína se convirtiera en algo inalcanzable, obedece directamente a la inflación que afectaba el precio de múltiples alimentos: «[…] la carne de cerdo ha sido desde el pasado año el reflejo más fiel de la escasez de alimentos y los elevados precios que están teniendo que sortear los cubanos a diario para malvivir en medio de la contingencia sanitaria por la pandemia de coronavirus» (*ADN*, 2021). Tal inflación, recrudecida por el proyecto de unificación monetaria y cambiaria, la crisis previa y la propia pandemia. Ahora bien, el desenlace de 2021 presagió los eventos del año siguiente, etapa en la que la proteína ya es reconocida casi como un lujo. Así, por ejemplo, en la provincia Sancti Spíritus, apenas se entregaron, en los dos primeros meses de 2022, 52 toneladas de carne, cantidad que se llegó a producir en un día durante 2018 (*14ymedio*, 2022).

El contexto —como ya se mencionó— estuvo acompañado de la reproducción de diferentes alegorías cómicas como mecanismo para hacer frente a la crisis. Dichas manifestaciones vinieron, por ejemplo, en forma de memes, que proliferan de manera masiva en las plataformas de difusión. Pero al hablar de memes, se vuelve necesario aproximarse a su definición.

Este término, acuñado por Richard Dawkins, establece una analogía con un gen que, en el ámbito cultural, se transmite en medio del ecosistema social, manteniéndose en el tiempo y reproduciéndose una y otra vez (2002). Si bien dicho término engloba una amplia variedad de fenómenos, Ruíz Martínez (2018) —citando a Davidson— estipula que este emula una suerte de pieza de cultura, que es típicamente una broma, pudiendo tratarse de una imagen, un video, música o una frase. De esta manera, el autor encuentra diferentes características básicas de los memes que proliferan en Internet. La primera, es que tienen una intención comunicativa; segundo, suelen tener un componente humorístico y, a su vez, son creados para ser difundidos a través de la web, a lo cual se le suma que estos «[...] se van alterando de forma deliberada en el proceso: los distintos usuarios se reapropian de ellos y los modifican para adaptarlos a sus necesidades comunicativas particulares» (íd.). De este modo, los memes se establecen como piezas populares sin autoría específica; más bien, al emular los chistes y cuentos populares, se van arraigando en el contexto social mediante su socialización y viralización en las redes.

Según Gónzalez Marrero, se convierten también en «(...) estrategias creativas de liberación que parten de plataformas comunes, exponen posturas culturales precisas y se apropian del mensaje lúdico para ridiculizar el imaginario instituyente» (2020). Todo esto puede ejemplificarse con cualquiera de las imágenes que proliferaron en las redes sociales en torno a la escasez de carne de cerdo.

Meme sobre la escasez del cerdo para las festividades.

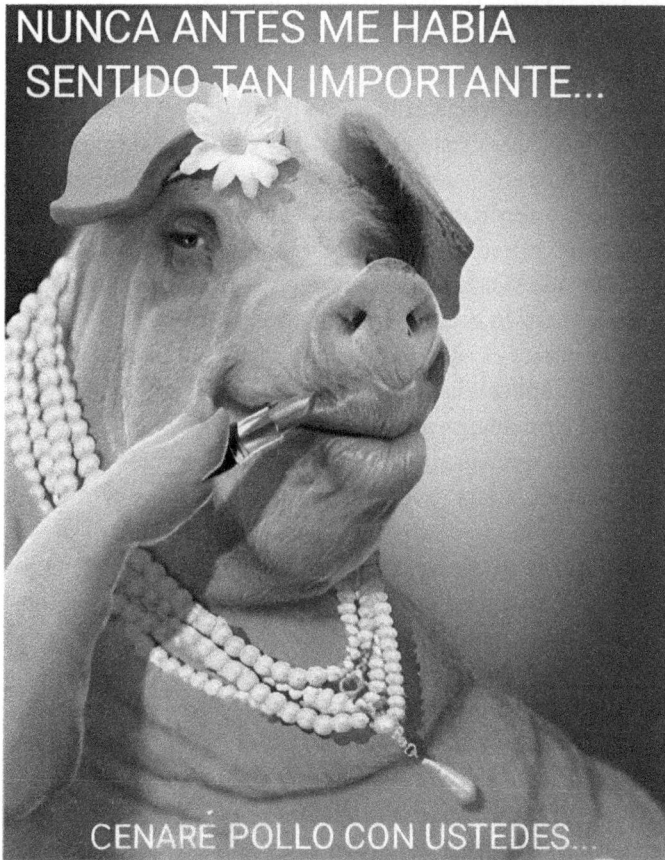

Fuente: Grupo de WhatsApp (2021).

Así, la imagen anterior muestra un cerdo, aparentemente arreglándose para las fiestas y afirmando «sentirse importante». Se expone cómo el cerdo se unirá a la mesa como un comensal para disfrutar del alimento que fungió a modo de reemplazo suyo: el pollo, conseguido más barato.

Este meme fungió como recurso creativo que, en primera instancia, expone cómo los ciudadanos responden activamente, creando una clara tendencia de opinión ante el panorama y el recrudecimiento de la crisis económica del país. La falta de alimentos supone un tema bastante delicado en tanto constituye una amenaza para el bienestar y la propia vida. Con ello, ante un contexto de dictadura y los límites claros que existen en materia de libertad de expresión —y los diferentes obstáculos para hacerlo en Internet—, mostrar un cerdo que se prepara para unirse a las festividades como comensal constituye en un mensaje poderoso al exponer una suerte de crítica cargada de humor, que manifiesta a su vez la nostalgia de un pueblo que debe renunciar a sus tradiciones. Razón que también permite que, en medio de su replicabilidad, este último se unifique mediante la construcción de una identidad colectiva.

Tras la agudización de esta situación económica y alimentaria en la Isla, que ha llevado a que cada vez más sea casi imposible de conseguir los insumos de la canasta básica como el aceite, entre otros, el choteo, a través de los memes, permanece en la sociedad, mientras ciertas figuras dan paso a ello. En este caso, el objeto de la burla fue el fraile dominico y teólogo de la liberación brasileño Frei Betto, quien, para diciembre de 2021, ya había presentado su primera desfachatez en un artículo escrito para el periódico oficialista *Granma*, en el que afirmaba que «en Cuba no hay hambre, pero los cubanos tienen mucho apetito», sugiriendo que, para tener éxito, es necesario alcanzar una «educación nutricional» del pueblo en que haya preferencia por fríjoles, lentejas, maní, espinaca, soya y aguacate que, según él, son «ricos en proteínas» y podrían ser el sustituto perfecto para la proteína suministrada a través de las carnes (*CiberCuba*, 2021).

No obstante, pese a la gravedad de sus palabras, que suscitaron la indignación entre el pueblo cubano, a comienzos de marzo de 2022 este asunto estalló con sus segundas declaraciones. En la *Mesa Redonda*, donde fue invitado a ofrecer su punto de vista sobre el Programa de Soberanía

Alimentaria y Educación Nutricional de Cuba, del cual es asesor —en coordinación con la FAO—, sostuvo que el problema en el país radica en que las personas tienen vicios alimentarios que no quieren cambiar, proponiendo nuevas opciones, como comer las cáscaras de papas fritas, ya que, para él, «son excelentes para picar cuando se toma un trago» (*Cubita Now*, 2022). Esta vez los memes no se hicieron esperar y comenzaron a circular en las redes; tal como se ejemplifica en la siguiente imagen:

Meme sobre Frei Betto y las cáscaras de papa.

KENTUCKY FRIED BETTO

Fuente: Grupo de WhatsApp (2022).

De esta forma, los cubanos comienzan a mofarse a través de la ridiculización de sus palabras, e inclusive a través de la sátira a compartir fotos de las cáscaras de la papa «listas» para seguir sus consejos. Y, aunque esta pueda parecer una forma fría o cruel de afrontar las realidades, ha sido el recurso que el cubano ha tenido para demostrar la suya y poder sobrevivir a estas crisis, esperando que en algún momento la escasez sea un recuerdo del pasado y que quienes los gobiernan y sus aliados no sean tan descarados y sinvergüenzas frente a dicha realidad.

Ahora, como si el drama en torno a la carne de cerdo y en general la escasez *per se* no fuera suficiente, las largas colas o filas vendrían a ser protagonistas como principal consecuencia y materialización de lo que significa vivir con la necesidad de adquirir alimentos demandados por muchos, pero que, ante una crisis económica y energética, no son suficientes. Por tanto, estas colas «proliferan, sobre todo frente a las estatales «tiendas recaudadoras de divisas». Dicha opción es la menos económica (en CUC), pero la mejor surtida (Muñoz, 2019). Así, es preciso también mencionar que muchos cubanos carecen de acceso a divisas extranjeras, causando, a su vez, la inaccesibilidad a tiendas «mejor surtidas» que comercializan con un sucedáneo digital de esta moneda. Ante ello, muchos recurren al mercado negro de alimentos, en donde los precios son astronómicos.

De tal modo, y resaltando la inevitabilidad de tener que hacer colas para comer, durante dicho período surgió en redes sociales el #LaColaChallenge, en donde se exponía con imágenes y videos la titánica tarea de obtener cualquier cosa para no tener el estómago vacío. Sin embargo, ante la actividad de denuncia de muchos ciudadanos en las filas, las autoridades efectuaron al menos una corta detención arbitraria de estos.

Así, mientras la población vivía y vive con la incertidumbre de saber si tendrán con qué alimentarse y alimentar a sus familias, Raúl Castro aseguraba que no volverían a la crítica fase del Período Especial, pero sí tendrían que estar preparados para su «peor variante». Dicha variante, parece no tener fecha de caducidad a la vista, en tanto el drama de la escasez y las filas siguen siendo rutina: «[l]a escasez y los precios de los alimentos son cada vez más angustiantes para las familias. Ante la imposibilidad de importarlos, el país necesita producirlos; pero tras años de políticas ineficientes en el campo los resultados son invisibles» (Domínguez y Arencibia, 2021).

Todo lo cual se ha recrudecido debido a la pandemia de la COVID-19, aún más cuando Cuba importa más de 60% de los alimentos y ha tenido que buscar formas de producirlos, en el marco de un modelo económico que resulta ampliamente ineficiente. Con humor, en una coyuntura llena de incertidumbre, además de iniciativas como la #LaColaChallenge, los memes también llegaron a ser protagonistas.

Meme sobre las colas para conseguir comida.

Fuente: Grupo de Whatsapp.

Teniendo en cuenta que las colas para conseguir productos alimenticios ya forman parte de la rutina de muchos cubanos, en las que gastan horas esperando para poder comprar —incluso durante la noche—, guardar un puesto o permitir que conocidos o familiares se cuelen es una práctica común. Ante la necesidad de alcanzar a comprar lo que se pueda y con la amenaza constante de que los productos se acaben, muchos deciden adelantar las filas para que sus allegados no deban esperar el mismo tiempo. Más allá del debate de cómo esto afecta la cola que hacen otras personas, el contexto en general resulta contraproducente para todos, en tanto supone vivir con la constante incertidumbre y el afán de tener que llegar lo más rápido que se pueda y proceder a esperar el tiempo que sea necesario.

Bajo este contexto, el meme anterior manifiesta esa suerte de tranquilidad y consuelo al no tener que hacer la cola desde el inicio y la esperanza de poder comprar —pollo en este caso—. Se observa, una vez más, la estrategia que utiliza la sátira para sobrellevar la crisis, a la vez que genera cohesión ante un padecimiento común. Se cumple, así, la premisa de que los memes «son constructores de comunidades, ya que conectan agentes en solitario con redes sociales y causas políticas. Producen sentido de pertenencia con el planteamiento y una confianza implícita en su distribución» (González Marrero, 2020).

Pero los memes no solo se limitan a los aspectos más visibles de las crisis económicas; también reflejan de manera más o menos sutil la situación política del país. De esta manera, la imagen siguiente, publicada en una página de memes en Instagram el 8 de marzo, alude al Día de la Mujer en Cuba y a la FMC, en el

Imagen 4. Meme en alusión al Día de la Mujer.

Fuente: @ayquemuela (2022).

que se observa una alteración en el logo de esta organización, al estar la imagen de Raúl Castro en vez del dibujo habitual de una mujer. Esto, aunque pueda resultar un poco ofensivo para algunos, no debe tomarse a la ligera, pues está reflejando la supeditación del papel de la mujer al ideal del «hombre revolucionario», con lo que queda relegado cualquier otro rol y espacio de participación de valor para las mujeres dentro de sus ideales.

El 23 de agosto de 1960 se creó la FMC con el supuesto fin de posicionar a la mujer cubana como activista dentro de la Revolución. De hecho, desde el inicio, la tarea de dirigir esta organización se la concedió a Vilma Espín, esposa de Raúl Castro, siendo un cargo para nada independiente, que respondía directamente a las órdenes de los Castro. De acuerdo con Yoani Sánchez (2019), todo esto empieza con un discurso emancipador de la mujer en las tareas productivas, en la milicia y los campos, intentando mostrar cómo empezaría a vivir dentro de nuevos espacios donde antes no le era permitido. Sin embargo, la FMC en realidad «no nació para representar los intereses de la mujer frente al poder, sino para hacer polea de transmisión del poder frente a la mujer». En la agenda revolucionaria no se halla relevancia a los estudios de género, de manera que los temas de mujer se dejan de lado, concibiéndose bajo la identidad de «proletarios» «compañeros» y «militantes», sin espacio para las diferencias.

Poco ha cambiado desde hace sesenta años la situación de la mujer. Aún, al cumplir 14 años, las niñas deben integrarse a la FMC para ser adoctrinadas y cumplir su rol dentro de la vieja y dañada Revolución. Para el régimen cubano, bastante machista, solo se reconoce a la «mujer revolucionaria» dócil, que no pregunta ni cuestiona y se limita a acatar órdenes, sin atender a las verdaderas cuestiones que aquejan a las féminas en el país y desconocer las demás funciones que han sido esenciales para la sociedad.

Una de estas labores más importantes han sido los trabajos de cuidado no remunerados que representan una sobrecarga en las mujeres, incrementada en el Período Especial y profundizada aún más con la llegada de la Coyuntura y la crisis por la Covid-19. Junto con esta crisis económica, «se puso en evidencia que han sido las mujeres cubanas quienes han cargado con el mayor peso de la crisis y, a su vez, las más impactadas por ella [...]. por continuar sosteniendo, en condiciones desiguales, la reproducción social (Acosta, 2019). En un estudio realizado sobre las políticas de adecuación del sistema alimentario en Cuba, Hanna Garth (2020) expone el caso de María Julia, quien siempre había contado con el almuerzo y merienda gratuitos que el Estado proporcionaba a su hijo en el colegio; pero que, desde 2017, aún antes del establecimiento de la Coyuntura, se enfrentaba ya a la nueva tarea de enviarle almuerzo empaquetado o encontrar tiempo para dejar su trabajo e ir a prepararle algo para que comiera.

Así como María Julia, muchas mujeres han sido las encargadas de las tareas de conseguir, preparar y servir la comida, fundamentales para el funcionamiento de la sociedad y bastante demandantes, desgastantes y muy poco reconocidas, pero aún más importantes e imprescindibles que el hecho de «portar un arma» y formarse ideológicamente en pro de la Revolución. Finalmente, el régimen tampoco ha hecho lo suficiente por la alimentación de las familias y las futuras generaciones como ellas mismas, encabezadas la mayoría de las veces por féminas, revolucionarias o no.

De esta forma, es preciso referirse a los memes como una acción política que, además de estar presente en la vida diaria, surgen como respuesta ante las asperezas contextuales, que en este caso aluden a la falta de garantías respecto al derecho a la alimentación en medio de una dictadura. Así, y retomando la noción de subversión propuesta por Bajtín (1984) hacer uso del humor, supone una práctica de la infrapolítica cotidiana en contraposición del *statu quo,* mientras manifiesta la respuesta de la ciudadanía, la cual no actúa pasivamente ante los sucesos que los afectan de modo negativo.

CONCLUSIONES

Puede concluirse, entonces, que el choteo ha sido una práctica y expresión cultural cubanas que se remonta a sus inicios como sociedad, inclusive desde el período colonial. Con el paso del tiempo, la forma en que se ha realizado ha variado y evolucionado de acuerdo a las limitaciones impuestas, así como a la transformación en la manera de comunicarnos, que han ido desde las puestas en escena, los cuentos hablados que corren de voz a voz, hasta la forma más reciente a través de los memes, presentes en las redes sociales y con gran alcance de acogida. En cada una de estas modalidades, además, es imprescindible señalar que la llegada de una no ha eliminado la existencia de la otra, sino que han logrado convivir y fortalecerse entre sí, han sido parte de esa infrapolítica que ha servido como una forma de sobrevivencia a las distintas crisis que la población cubana ha tenido que vivir.

Así, hay veces en que ha significado el pedir en otros espacios un cambio, especialmente en momentos de crisis, fungiendo como mecanismo de escape que ayuda a afrontar, de una forma más «pasable», cada una de estas realidades, mientras quienes siguen detentando el poder no hacen nada para mejorarlas. Es por esto que se encuentra presente en todas las esferas cotidianas de la sociedad, como la alimentación, en la cual, en los momentos de crisis económica, desabastecimiento y escasez de comida, la lucha por la comida y los espacios de desigualdad donde esta se genera es también una forma de luchar por la propia identidad y vida.

Finalmente, en la etapa más reciente del choteo, los memes, más allá de causar gracia, permiten la construcción de una identidad y pueden relacionarse con la noción de *hidden transcript* (Scott, 1990), en la cual se afirma una cotidianidad cargada de demostraciones políticas en la que los actores adoptan, evaden o cuestionan las normas del *statu quo*; a su vez, estos últimos fungen como mecanismos que pueden ser triviales pero que, de igual manera, sirven para afrontar la crisis. Y, si bien en un inicio no afectan materialmente la situación general de dominación, no se puede desconocer que tales microactos de resistencia pueden tener un impacto importante e incluso progresivo (González Marrero, 2020); mucho más si se toma en cuenta la difusión y réplica instantáneas y masivas que se gestan en el ciberespacio. En medio de la escasez de alimentos, de los precios astronómicos, del quiebre de las tradiciones en la cena navideña y de las colas, Obadare trae a colación una frase crítica: «En su función antidepresiva, los memes son bálsamos para almas solitarias» (2009).

5

LA ESPERA COMO FORMA DE CONTROL SOCIAL: UNA LECTURA DE LA SITUACIÓN DE DISTRIBUCIÓN DE ALIMENTOS EN CUBA

La dominación política cotidiana es lo que sucede cuando
aparentemente nada pasa, cuando la gente simplemente
«espera»
JAVIER AUYERO.

Un hombre es tan fiel como sus alternativas
CHRIS ROCK

El control social y político ha sido una de las características
de los regímenes autoritarios. En oposición a los sistemas
democráticos, los autoritarismos suelen echar mano de una
presencia *omniabarcante* del Estado. En los sistemas de corte totalitario, el control se ejerce hasta la esfera más íntima
de la persona, se busca eliminar al individuo y a la diferencia
por medio de la absoluta uniformidad de comportamiento
y de visión del mundo. Una de las formas de control más
común es la represión abierta y por la fuerza, pero no es
la única ni, necesariamente, la más eficaz. Las formas de
control social van más allá de las represiones por la fuerza:
por medio de métodos más sutiles se configura el comportamiento de la gente, a través de hilos invisibles se controla lo
que la gente puede o no hacer; a partir de la geografía y de la
arquitectura se establecen rutinas; mientras se doblegan vo-
luntades por medio de la espera y se aplacan las diferencias
a través de la uniformidad.

139

En Cuba, en el marco de las crisis económicas recientes, muchas de las rutinas que se han establecido no son exclusivamente el síntoma de una mala administración estatal, sino métodos de dominación impuestos ante la incapacidad del Estado de proveer bienes y servicios. Son económicos y eficaces. Y no son evidentes, pues parecen ser solo un asunto de inoperancia del Estado. Ante la inexorabilidad de ciertas situaciones, como la falta de alimentos, las autoridades proclaman lo ineluctable de la situación y que estas medidas vienen «para quedarse», correspondiendo a la normalidad.

¿En qué se traducen estas nuevas normalidades? Es la manera en la que el Gobierno en la Isla anuncia las nuevas reglas del desabastecimiento. Las largas colas, que van de un rango de entre 4 a 10 horas diarias, pero que pueden ser más; el sorteo de bienes que se proveen; la incertidumbre en el acceso a comidas —de mala calidad— y medicamentos, entre muchos otros bienes de primera necesidad, son las manifestaciones de lo que debe *padecer* la ciudadanía cubana. Padecimientos que parecen ser inevitables y que, dicen las autoridades, son producto de las dificultades que atraviesa el país por causa de las sanciones económicas que afectan las actividades económicas y comerciales de Cuba. Para el año 2021, la situación se agravó debido a los cierres de turismo y a las limitaciones en materia de importaciones de bienes.

Los discursos oficiales, tales como el que el presidente del PCC, Miguel Díaz-Canel, presentó ante la Asamblea General de Naciones Unidas el 21 de abril de 2021, aseguran que en Cuba se garantiza el derecho fundamental a la alimentación por medio de la «canasta básica familiar normada», pese a las sanciones y al «peso de una deuda externa pagada ya mil veces» (*ADN*, 2021). Desde esta narrativa, ampliamente difundida y aceptada en el exterior, Cuba hace todo lo que está a su alcance para poder proveer a su población con los alimentos que necesita. Según este relato, falaz por su alcance y falso por su intención, el régimen intentó, con esfuerzos ingentes, garantizar por medio del subsidio 19 productos alimenticios para todo el pueblo. Actualmente, a partir de la Tarea de Ordenamiento de 2021, solo quedaron subsidiados los productos para dietas médicas y grupos etarios especiales: la población mayor y los niños menores de 7 años. El presente capítulo tiene como objeto descubrir que las carencias en alimentación y acceso a los bienes no se deben a una incapacidad estructural del Estado, sino que, por el contrario, es una acción deliberada e intencional que busca, por medio de la *espera*, ejercer dominación. Para ello, este escrito se fundamenta en el trabajo del sociólogo argentino Javier Auyero, cuya premisa básica se encuentra en el libro *Pacientes del Estado: la espera como forma de control social* (2013) y que se fundamenta en los conceptos de dominación explorados por autores como Bourdieu, Gramsci, Foucault y Weber, entre otros.

La espera como dominación: una lectura desde Javier Auyero

Javier Auyero, a partir de trabajos de campo en Argentina, comenzó a preguntarse sobre las razones por las cuales los pobres debían esperar más que la clase media y que los ricos. Recolectando información por medio de una aproximación que él denomina *microsociología*, recopiló historias de vida de los habitantes de diferentes municipios en Argentina y de la manera en la que se tramitaban sus necesidades individuales y colectivas. Por medio de este trabajo, Auyero descubrió un patrón de manejo que tiene el Estado, como un todo, al atender las necesidades de los pobres: las esperas arbitrarias, las solicitudes de documentos innecesarios, la programación de citas para domingos y días feriados. En sus relatos, la forma en la que este mecanismo de dominación se hace evidente se manifiesta en la deliberada espera a la que someten a una ciudadana:

E: *¿Y cómo hacés para que te presten atención?*
M: *No, espero a que me atiendan.*

E: ¿Esperás a que te presten atención?
M: Es que tenés que esperar (2013:151).

Auyero realizó su trabajo por medio de la recolección de testimonios y un análisis mediante el uso de historias de vida y entrevistas. En trabajos anteriores, había intuido el fenómeno de la espera como fenómeno de dominación, pero no había logrado establecer una relación de manera evidente que le diera sustento a lo que muchos teóricos de la teoría política y de la sociología, sobre todo de corrientes materialistas habían teorizado sobre la dominación y la explotación. Lo novedoso e innovador del trabajo que realizó en Argentina es que estableció un marco general que permite aplicarlo a otros contextos sociopolíticos. La premisa fundamental de su trabajo consiste en que es posible decir que en todas las comunidades políticas parte de la población —los de menos recursos económicos y sociopolíticos; aquellos con menor acceso al poder— está sujeta a la *espera*. La forma en la que esa espera afecta a la población dependerá de una serie de factores: la cantidad de personas afectadas por las arbitrariedades del Estado, el diseño burocrático estatal, la forma de gobierno (democrática, semidemocrática, autoritaria, totalitaria), la capacidad económica de la comunidad política, etcétera.

Esta forma de dominación no es evidente, no cuenta con un capataz visible que tenga una figura de dominación estrecha. Es, en palabras de Auyero: «[...] una estrategia sin un estratega, no es que hay alguien que, a propósito, intencionalmente, hace esperar a los subordinados o desposeídos, así funciona la dominación política» (Damin, 2014).

El Estado es arbitrario, crea incertidumbre y frustración, manipula y quita poder a la gente, que se ve reducida a esperar y rogar. No hay una rutina, sino incesantes excepciones.

En una ilustración hecha por el pintor Honoré Daumier (1808-1879), intitulada «El vagón de tercera clase» (1862), se muestra la resignación de los pasajeros pobres a esperar a llegar a su destino. En la imagen no se notan signos de desesperación ni de impaciencia, sino de resignación. De esta obra hay tres versiones que relatan lo mismo: sobre bancas de madera, apiñadas y poco cómodas, se sientan madres, niños pequeños, señores de edad, gentes de escasos recursos cuyo único bien es el tiempo; no les queda más remedio que sentarse a esperar llegar a su destino. En sus rostros, el aburrimiento se asoma. En ese aburrimiento, en ese no hacer, no tienen posibilidad alguna de desenvolvimiento, entendido como la capacidad de agencia de un individuo. Encerrados en ese *locus* y ese *tempus*, se suspende toda actividad, son prisioneros de la espera. En otros escenarios, ese tiempo tendría valor y podría ser intercambiado por algo: un aprendizaje, un momento de felicidad, un divertimento. En esta espera, se gasta tiempo a cambio de nada; la imposibilidad de emplearlo en *algo* hace que se convierta en una cosa irredimible: los pasajeros ni siquiera cuentan con la posibilidad de «matar el tiempo». En palabras de Schweizer, la obra de Daumier da la impresión de que a los pobres les toca esperar, que la *espera* es una delimitación social impuesta a los desposeídos para marginalizar sus actividades en la sociedad (2008:caps. 2 y 3). El coste de la espera es, para ellos, individual, de *no-acción*. Desde una perspectiva subjetiva, la espera se convierte en la vida: ya no se espera a/o para *algo*, sino que simplemente se espera. La vida es sensación y, en este escenario, la sensación es la espera: se vive *esperando*. Para los pasajeros del vagón de Daumier, no se espera para llegar; al no contar con otras opciones, al no poder ser agentes, simplemente esperan.

¿Es posible ver en la *espera* una forma de dominación?, ¿un ejercicio de poder desde quien lo padece? ¿De qué manera se presenta? Se suele asumir que las formas del ejercicio de poder y de dominación son activas, evidentes y violentas. La coacción, en potencia o en acto, son las maneras de ejercicio de poder por antonomasia. La violencia, como forma de dominación, se ha ido proscribiendo de manera progresiva por considerarse inhumana e inútil. La certeza ética que fundamenta el sistema de Derechos Humanos aparece en el mundo como la manera de deslegitimar el uso excesivo de la fuerza y de la violencia. Superados los nacionalismos decimonónicos, los pretextos de soberanía y la seguridad nacionales no suponen una legitimación para ejercerlas. A partir del final de la Segunda Guerra Mundial y el establecimiento de las Naciones Unidas, una nueva generación moral y jurídica ha venido proscribiendo las formas de violencia que atenten contra la integridad humana. Debido a esto, en el marco de la sociedad internacional, muchos Estados, en lo posible, evitan el uso de este tipo de formas de dominación.

No por ello significa que no haya otras maneras de ejercer dominio sobre las poblaciones o partes de ellas, ni que las formas de dominación hayan desaparecido. Tampoco implica que, por el hecho de no usar la violencia física, no haya otras formas de violencia y de vulneración de los derechos. La espera es, pues, una forma silenciosa de dominación, no evidente, no fácilmente perceptible, que emplea los tentáculos invisibles (Auyero, 2013:66) del Estado —sus aparatos burocráticos— para mantener una situación de incertidumbre a sus ciudadanos.

La facultad primaria de la dominación yace en el ejercicio del poder, no entendido como algo necesariamente violento, sino, según Foucault (1975), como un ejercicio de observación. Basado en el panóptico de Bentham (Crimmins, 2021), Foucault describe tres técnicas o métodos principales para ejercer el control: observación jerárquica, «juicios normalizantes» y el examen.

La observación jerárquica tiene que ver con una «geografía del poder», la disposición de los lugares condiciona las conductas y establece relaciones claramente jerárquicas. Los ejemplos clásicos de esta jerarquía son las aulas de clase, los consultorios médicos, los teatros, las oficinas oficiales, etc. De igual manera, hay una serie de reglas interiorizadas que constituyen los «juicios normalizantes» que se utilizan en un lugar de poder y permiten diferenciar las conductas normales de las anormales. Estas conductas permiten el ejercicio de la dominación por medio de la regulación externa y de la «autorregulación», o internalización de las conductas coercitivas. Por último, como una mezcla del *locus* y del *modus* de poder, está la examinación —o el examen— que permite, de acuerdo con la relación que se establezca con el paciente, reconducir su conducta en un momento determinado al mismo tiempo que se obtiene información del paciente.

Ahora bien, como el poder se ejerce de manera generalizada y su ejercicio no es, por fuerza, negativo, resulta necesario distinguirlo de la dominación. La dominación es, en términos amplios, «un balance injusto de poder que permite a los agentes o sistemas controlar otros agentes o las condiciones de sus actos» (McCammon, 2015). Este balance injusto de poder se refiere a la dimensión social del poder; es decir, a aquel que se ejerce sobre la capacidad de acción de otros. En tanto dominación, el poder sociopolítico suele ser irrestricto, en el sentido de que no hay ningún límite institucional o reglamentario que lo contenga, así como no existe un agente o grupos de agente que pueda resistirlo. La dominación sería el ejercicio de poder irresistible que Hobbes (Strauss, 2014) buscaba que tuviera el soberano absoluto. Dicho de otro modo, la dominación, en cuanto tal, no encuentra una resistencia efectiva por parte de quienes son sometidos, de quienes padecen el poder. Asimismo, por carecer de controles, se caracteriza por poseer la capacidad de ser arbitraria y discrecional, impredecible en su ejercicio. La dominación, en su sentido total, es, por tanto, absoluta.

Sin embargo, la complejidad de la dominación como concepto radica en las preguntas: ¿quién la ejerce?, ¿son agentes concretos o son grupos de agentes?, ¿es un sistema o una estructura? En este escrito se presenta la postura a partir de los postulados propuestos por Lovett (2010), Havel (1992) y Krause (2013): la dominación la ejerce una élite por medio de la implementación de un sistema que reproduce el dominio por medio de agentes (estatales, civiles y sociales), instituciones (normas, leyes, códigos) y de conductas —*habitus*, en términos de Bourdieu (2007)— que funcionan como extensores del ejercicio de dominio. La dominación del Estado se ejerce por medio de las capacidades de acceso que ofrece a bienes y servicios, a la respuesta coercitiva y, sobre todo, a una reproducción simbólica y cultural que *habita* en los ciudadanos (Yang, 2014).

Desde la perspectiva del aparato estatal, Arendt recuerda:

> *cuanto más grande sea la burocratización de la vida pública, mayor será la atracción de la violencia. En una burocracia completamente desarrollada no hay nadie con quien discutir, a quien presentar agravios o sobre quien puedan ejercerse las presiones de poder. La burocracia es la forma de Gobierno en la que todo el mundo está privado de libertad política, del poder de actuar; porque el dominio de Nadie no es la ausencia de dominio, y donde todos carecen igualmente de poder tenemos una tiranía sin tirano (2005).*

La espera como forma de dominación en Cuba

Según Auyero (2013), la espera como forma de control social se fundamenta en que la dominación funciona cuando se cede ante el poder de otros en un *locus* cotidiano y a nivel de las relaciones esenciales que se tiene con las agencias del Estado. En la interacción con dichos agentes del Estado, que no representan el uso de la violencia (burócratas encargados de proveer servicios tales como subsidios, expedición de documentos, recepción de querellas, etc.), esto se experimenta como tiempo de espera. Y esta espera se caracteriza por ser una serie de condiciones que inmovilizan a la ciudadanía: esperar a que otros tomen decisiones, a recibir alimentos, a ser atendido por los médicos del Estado, a ser llamado para realizar un trámite, un documento de identificación; lo cual no es más que un reconocimiento de y una rendición ante la autoridad —y el poder— de otros. El *paciente* depende de la acción del agente estatal y, como no tiene otra alternativa, *espera*. Al estudio que realiza, Auyero lo denomina como la *tempografía de la dominación* (ibíd.:19-20): una descripción densa sobre cómo las personas perciben la espera y el tiempo, de cómo reaccionan o no a ella y de la manera en la que esas percepciones afectan la capacidad de agencia de los ciudadanos.

La dominación que se ejerce depende de la acción del Estado. Este, según Auyero, es una macroestructura abstracta y, al mismo tiempo, una serie de microesctructuras concretas (íbid.:21). Es en estas microestructuras en las que la dominación se ejerce de manera no violenta por medio de la relación directa entre el funcionario o servidor y el ciudadano. La manifestación concreta de este tipo de dominación presenta varias facetas: el burócrata de oficina, el tendero de bodega, el repartidor en el almacén, etc. La dominación, *strictu sensu*, no está en la figura del funcionario sino en la relación que se establece entre este y la ciudadanía. Las demoras, el «peloteo», la negligencia, la omisión de información, la rectificación de información, la falta de comunicación, el redireccionamiento, etc., son, a la vez, un ejercicio de control directo y un «aprendizaje» o una «normalización». Las interacciones con las agencias del Estado condicionan la actuación o respuesta del ciudadano, limitan sus expectativas y reacciones y, finalmente, lo inducen a aceptar su condición de paciente. Condición que, debido a la violencia soterrada —los tentáculos, en términos de Auyero— refuerza la posibilidad de gobierno del aparato estatal en la medida en que nulifica o aplaca la resistencia del ciudadano.

De hecho, la raíz latina de la palabra «paciencia», que el Diccionario de la Lengua Española de la RAE define como «la capacidad de padecer o soportar algo sin alterarse», es pati: «sufrir, soportar». En las interacciones recursivas con el Estado que reseño en las próximas páginas, los pobres

147

aprenden que hay momentos en los que van a ser ignorados,
que no los van a atender o que los van a posponer (ibíd.:24).

El ciudadano es paciente en la medida en la que acepta que las soluciones a los problemas públicos, tanto los de todos como los individuales, están en manos del Estado. El ciudadano pobre, el desposeído, aprende, como los pasajeros del vagón de Daumier, que solo cabe esperar, que la protesta pública no lo llevará a ningún lado y que, en últimas, la espera es una negación temporal de sí. Como los pasajeros del vagón, su espera no tiene una recompensa futura: están condenados a esperar. «Ellos *saben* que tienen que evitar armar problemas, y ellos *saben*, como muchos me han dicho, que tienen que «seguir viniendo y esperar, esperar, esperar»» (ibíd.:25).

¿Cómo se manifiestan estos tentáculos, esta cara invisible, esta estrategia sin estratega, en Cuba?

Desde 1968, con la llamada Ofensiva Revolucionaria, la ciudadanía en general comenzó a sentir las presiones del Estado de manera generalizada y más o menos patente en los cambios de las directrices sociales. A seis años de haber implementado la libreta, los pequeños negocios de restaurantes, friteras y pizzerías comenzaban a ofrecer un menú cada vez más reducido. Las bodegas comenzaron a reducir las entregas y a ofrecer, de manera más o menos arbitraria, los insumos alimentarios. Juan Padrón (1947-2020) relataba, por medio de sus caricaturas, estos tiempos de escasez. La tira lo muestra haciendo cola, primero en la fila, barbado y con gafas, en la bodega. El diálogo, entre el tendero, una señora y el caricaturista es el siguiente:

Tendero: Guayaba hay, pero no te toca.
Juan [pensando]: Tres latas de leche condensada al mes.
Señora: Niño, cambio cigarrillos por leche (2021:220).

Las mercancías escaseaban cada vez más y el control en la distribución de alimentos, vestidos, medicinas y todo tipo de bienes pasó a ser monopolio estatal. Desde muy temprano, en esta historia, el mercado ilegal les permitía, a quienes contaran con suficiente dinero, procurarse bienes «de lujo» como ron o cigarros. El embargo había puesto en aprietos a la economía cubana que hacía proyectos de sostenimiento autónomo, como el Cordón de la Habana. Este proyecto de autonomía fracasó al no producir el café ni el ganado ni los otros cultivos que se pretendía. Las carestías fueron y vinieron en las siguientes décadas, con algunas mejoras antes de la caída de la URSS y el comienzo del Período Especial.

Como se anota en el capítulo «Encontrando el humor en medio de la crisis», la intempestiva crisis económica se convirtió en el pretexto para que el régimen comenzará a restringir y a controlar aún más el escaso monopolio que tenía sobre los bienes de consumo en general. Algunas personas tuvieron la posibilidad en esta década de procurarse alimentos y bienes por medio de la compra de tiendas en divisa extranjera. Pero, para la mayoría de la población, dependiente de de la producción local y de los productos de la libreta, los pocos recursos que el Estado tiene comienzan a localizarse y focalizarse, y hacen que esto se convierta en una carestía mayor; es decir. a estar bajo el control de menos agencias, como GAESA y, consecuentemente, a depender de la eficacia del aparato burocrático. La falta de alimentos y de otros bienes, sumado a las demoras en las entregas de los productos normados, hacen del panorama de la población cada vez más difícil..

Después de superado oficialmente el Período Especial, a comienzos de la década de 2000, con una parcial apertura de la Isla, sobre todo en materia de turismo, ni siquiera una exitosa política exterior por parte del régimen permite que el suministro de bienes de consumo mejore. El flujo de remesas, el ingreso de divisas extranjeras y una apertura con el comercio internacional un poco mayor que la que tenía Cuba durante la Guerra Fría y en el Período Especial, son factores que han contribuido a una mejora en la calidad de vida de la población cubana. Para la década de 2010, y con la llegada de Barack Obama a la presidencia en Estados Unidos, la relajación de las medidas del embargo económico y, en general, la política del «deshielo», generó una mejora significativa en términos económicos y en la relajación de ciertas políticas restrictivas que el régimen ejerciera en tiempos anteriores. El apoyo de Venezuela, bajo el auspicio del presidente Hugo Chávez Frías, y el sostenimiento de la economía cubana en gran medida por las subvenciones recibidas en petróleo, harían entonces de Cuba un referente turístico y cultural que tomaría fuerza y sería protagonista de esfuerzos de producción colectiva, soberanía alimentaria y desarrollo alternativo: un modelo económico, ante el mundo, como una posibilidad diferente a los diseños de corriente capitalista.

Sin embargo, la eventual caída del precio del dólar a nivel mundial, la crisis económica en Venezuela a raíz de la enfermedad y posterior muerte de Hugo Chávez, así como el fin del «deshielo» producto del cambio de gobierno en Estados Unidos, hacen que la situación de relativa prosperidad vuelve a deteriorarse, pasando por la llamada Coyuntura, hasta llegar al punto crítico durante los años 2020 y 2021, en el contexto de la pandemia de la COVID-19.

A finales de los años 2000, los signos de una sobreviviente crisis económica ya se empezaba a notar en los mercados, en las tiendas y en las bodegas. Como lo anota Garth (2020), el fenómeno de «la lucha» precisamente era una respuesta de la ciudadanía para poder procurarse aquello que el Estado no quería proveerles aunque tuviera la capacidad. Con «la lucha», los cubanos generaron un método de resistencia para poder mantener unos niveles de supervivencia más decorosos:

> I asked what she meant by «luchando la vida» and she spelled it out quite clearly: «They steal (roban). They steal things from the state or what- ever or whomever they can to use or sell [stuff]»[1] (Garth, 2020:124).

---

[1] «Pregunté qué quería decir por «luchando la vida» y ella respondió claramente: «ellos roban, ellos roban cosas del Estado o lo que puedan robar de quien sea que puedan usar o vender».

Ya desde 2010, Garth había identificado con historias de vida algunas de las situaciones que podríamos tipificar como el ejercicio de dominación por medio de la espera. Los servicios básicos con los que contaba la población cubana desde antes del Período Especial nunca volvieron a ser los mismos; aun cuando la situación económica tuvo algún repunte. Los apagones totales o parciales, arbitrarios, continuaban siendo frecuentes. La gente de alguna u otra manera estaba acostumbrada a los apagones. A lo que no estaban acostumbrados y que los tomó por sorpresa era a la paulatina y aleatoria escasez de alimentos. Aquí la espera se manifiesta de muchas maneras. En primer lugar, la reestructuración y reubicación de muchos de los centros de compra que aconteció en la década de 2010, sin previo aviso ni justificación alguna. La tempografía se vio alterada y afectó los tiempos de desplazamiento, las costumbres, las rutinas y los modos de vida de las personas perjudicadas por esta alteración en las tiendas. De igual manera, aunque este decenio vio aperturas importantes, tales como el permiso de compra de bienes (celulares, automóviles y casas), también vio cómo empezaban a escasear los alimentos. La espera, se manifestaba no solo en las colas, sino en la búsqueda incesante de alimentos, conforme pasaba el tiempo y arreciaba la crisis, algunos incluso dejaron de conseguirse del todo.

Con cada uno de estos cambios, que pavimentaban un camino lleno de incertidumbres, los cubanos han tenido que enfrentar a la posibilidad de que los alimentos a los que estaban acostumbrados desaparecieran de un momento a otro, quedándole solo recurrir a sustitutos, los cuales también han ido desapareciendo. Es en este estado de cambio constante que las dinámicas para poder alimentarse también han ido construyéndose alrededor de un sistema de alimentación defectuoso e ineficiente, que no solo deja de brindar los suministros básicos para una comida decente, sino que, además, obliga a su población a tener que emplear grandes cantidades de tiempo para poder alcanzar lo poco que ofrecen y lo poco que hay.

Recientemente, desde la crisis económica agravada por la pandemia, las colas se han convertido en la nueva normalidad. Las largas esperas para los cubanos no siempre son canjeables al momento de conseguir alimento. Pueden pasar horas, jornadas enteras al rayo del sol o a la intemperie de las lluvias tropicales y volver a casa con las manos vacías. Las colas, como tal, son el primer instrumento de dominación. La escasez de los alimentos y la distribución desigual e intermitente obliga a que la gente se aglomere y espere.

Esta forma de dominación pocas veces ofrece la posibilidad de resistencia, debido a que la gente, necesariamente, no lo percibe como una opresión. A los tentáculos invisibles de Auyero, les acompañan patadas clandestinas (2013:90). Estas son formas de violencia no ejercidas de manera directa por el Estado, sino por agentes que operan con su aquiescencia. En Cuba, si los bodegueros y las bodegas, así como las demás tiendas y sus operarios desempeñan el papel de tentáculos, los coleros y los revendedores[2] son las patadas.

Las colas son masivamente controladas por estos revendedores, que dejan en desventaja a aquellas personas de menor poder adquisitivo. Por causa de los coleros y de la distribución medida por el régimen, las personas en condiciones desfavorables pueden amanecer o dormir en las

---

[2] Los coleros son las personas que hacen la cola en lugar de alguien más a cambio de una ganancia. Esto, en Cuba, es ilegal, pues, con su ejercicio generalizado, los coleros pueden llegar no solo a controlar las colas, sino a acaparar gran parte de los productos que se pueden adquirir con moneda local, dejando entonces sin poder adquirir bienes o alimentos a las personas que no cuentan con la capacidad de costearlos. Por otro lado, están los revendedores, quienes, obteniendo productos importados o de las bodegas, se aprovechan de la escasez de algún producto en particular para especular con sus precios, siempre muy por encima de los del mercado. Aunque ambas prácticas son, en principio, ilegales, aunque hay una cierta tolerancia por parte del régimen. Algunas veces, el oficio del colero y del revendedor se funden en una misma persona.

colas. Los tentáculos y patadas obligan a un estado de humillación a los habitantes menos favorecidos, en los que no queda sino una especie de trance que solo opera en modo de supervivencia. Los tentáculos han homogeneizado a la población cubana hacia la baja. La espera no discrimina los mercados nacionales, los centros de servicio ni las tiendas en MLC; ni siquiera las tiendas *online* están exentas de hacer a la gente a esperar. La espera en las tiendas de moneda nacional o las MLC pueden llegar a ser de un día entero. En los agromercados, puede ser menor, aunque sigue siendo de entre una y cuatro horas.

Para la ciudadanía, no hay fórmula que le ayude a paliar la espera: los productos no tienen días específicos para ser conseguidos ni cantidades suficientes. Asimismo, la incertidumbre del abastecimiento puede depender del arribo de los camiones de transporte a las tiendas, que pueden o no llegar. Incluso el mercado ilegal padece de esta incertidumbre. Muchas veces, las personas salen muy de madrugada para esperar conseguir algo de alimento. Con el fin de conseguir algo económico, hay que salir antes de las 4:30 a.m. y el tiempo de espera oscila entre 6 a más de 12 horas, pues los camiones con aprovisionamientos pueden llegar entre las 10:00 a.m. y 4:00 p.m. Dicha situación se agrava en la medida en la que muchos de quienes hacen cola, sin ser acaparadores o revendedores, compran para otras personas. Esto hace que muchas veces la espera sea inútil y no solo se limita a los canales físicos, sino también a los virtuales. Toda esta travesía pareciera resumirse en una frase emitida por una de las entrevistadas: «¡la lotería del cubano!», aludiendo a cuando, finalmente, casi por cuestión de suerte, se logra conseguir lo deseado.

De acuerdo con las encuestas y entrevistas realizadas por Food Monitor Program, en promedio, cada familia debe destinar entre 15 horas semanales; cada persona dos días de trabajo al mes. La gente sacrifica su paga de días con tal de poder llevar algo a la mesa. Los tentáculos obligan, con sus imposiciones de tiempo y espera, a que aquellos con menos recursos tengan aún menos. Las personas, que gastan cerca de 100% de sus ingresos en comida, tienen una pérdida neta en alimentos y en salario cada vez que sacrifican un día de paga por hacer una cola que no les reporta ningún beneficio: la población pobre resulta más pobre porque el Estado, su empleador y proveedor, la castiga por no presentarse al trabajo debido a que el Estado no pudo o no quiso garantizarle u ofrecerle el alimento que necesita.

Garth (2020) expone que las dificultades en la adquisición de alimentos, siempre condicionadas por fuerzas políticas, económicas y sociales externas a nosotros mismos, pueden provocar cambios en la subjetividad, que se negocia a través del discurso o las acciones. El hecho de no comer de una manera que se defina localmente como digna y decente puede conducir a una «ruptura moral». Lastimosamente, en el caso de Cuba, el régimen, a lo largo de sesenta años, a través de esta espera que la sociedad cubana debe vivir para subsistir, ha logrado producirle esa ruptura moral, llevándola a un estado de alienación y posterior resignación de su situación actual. En palabras de Francisco, uno de los entrevistados, «al final te sacrificas para minimizarte con lo que hay y no con lo que quieres», y es así como el Estado continúa garantizando su dominio y control sobre las vidas que, aunque no le pertenecen, trabaja por no dejar de poseer.

Aceptación de la dominación: influjo interno

La historia de la píldora de Murti-bing, de Stanisław Ignacy Witkiewicz (1996), cuenta la parábola del sometimiento de una población desesperada por la desidia e insensatez que produce el mundo libre y material, en un escenario que recrea el imaginario de una *Belle Époque* decadente, nihilista y absurda, donde las personas solo conocen el trastorno mental. El mundo oriental amenaza a ese Occidente decaído. Un ejército chino-mongol disciplinado está a la espera de conquistar todo el mundo. Las personas en Occidente, en su desesperación, comienzan a consumir una pastilla cuyo efecto es la transformación de la *imago mundi*. Los conversos, antes desesperados, ahora son tranquilos y ven como superfluos los problemas que antes los aquejaban. En el relato de Witkiewics, justo antes de la confrontación de la guerra, el líder de Occidente se rinde ante el ejército oriental. Tras su muerte, las fuerzas chino-mongolas instauran el murtibinguismo y las personas, antes desesperadas, comienzan a componer odas y marchas para el nuevo régimen. No obstante, el adormecimiento voluntario al que se someten nunca logra aniquilar sus personalidades del todo. Estos resquicios de la vida anterior salen y sobresaltan a los adoctrinados, manifestándose en una suerte de perenne esquizofrenia.

En esta fábula de inicios del siglo xx, las sociedades liberales terminaban sucumbiendo ante el embate de la ola de nuevos adeptos murtibingeanos, sin capacidad de escoger sus propios destinos, embotados y sujetos al control de la dominación de una nueva forma de poder, cuya estructura superaba la imaginación del mundo europeo y cuyo alcance no fue posible vislumbrar sino hasta finales de la Segunda Guerra Mundial. Witkiewicz acabó su vida el 17 de septiembre de 1939, cuando el Ejército Rojo cruzaba la frontera polaca, cumpliendo la cláusula secreta del tratado Ribbentrop-Mólotov.

Su compatriota Czesław Miłosz recoge, en un resumen que hace a la novela *Insaciabilidad*, este relato para dar una muestra de un problema que, en su tiempo, se presentaba en las repúblicas socialistas europeas:

> *En Occidente se tiende a analizar el destino de los países conversos en categorías de coacción y de violencia. Esto es un error. Aparte de un temor habitual, aparte de las ganas de protegerse de la pobreza y de la destrucción física funciona el deseo interior de armonía y de felicidad (2016).*

Las formas de control social han dejado de ser vulgares y groseras, patentes y fieros ejercicios de control y poder evidentes. Las demostraciones de fuerza y de terror se convirtieron en actos condenables por la sociedad occidental, proscritas por el derecho internacional y reconocidas como serios atropellos a la dignidad humana y a los derechos humanos. Sin embargo, el proyecto de emancipación de la humanidad, de la república cósmica federal propuesta por Kant, que sostiene por fuerza ese derecho, no ha llegado a concretarse del todo. La *pax republicana*, transformada en la *pax democrática*, está lejos de darse. Esto implica una serie de eventos que deben deshilvanarse finamente.

En primer lugar, como asunto más obvio, está la persistencia de regímenes no democráticos en el mundo. Los autoritarismos se mantienen, tanto los competitivos como los no competitivos, e incluso aumentan (Levitsky y Ziblatt, 2018). En segundo lugar, por decirlo de alguna manera, se halla la carencia de una ciudadanía plenamente autónoma, agente, en las llamadas democracias consolidadas (O'Donell *et al.*, 2003). En tercer lugar, el desarrollo dispar de las democracias, cuyo espectro de calidad resulta abismal en algunos casos (Abente Brun y Diamond, 2014). Esta disparidad es de tal magnitud, que valdría la pena revisar las categorías con las que se categorizan los regímenes democráticos.

Pero hay aún un tema más complejo y sutil, cuya eficacia mina cualquier intento de despertar a la ciudadanía del sueño murtibingeano. Debido a la proscripción de ciertas formas de control político y social, otrora patentes e impunes en gran medida debido al desconocimiento, o la falta de voluntad política internacional, han mutado para convertirse en meras causas exógenas, incontrolables y ajenas al ejercicio directo del control. En su sutileza radica su eficacia, pues es muy difícil comprobar que se trata de una acción deliberada por parte de un ente de control. Como un panóptico invisible, pero perceptible por otros medios, controla y limita la actividad política de una sociedad al restringir sus movimientos al rango de acción cercano a la pura supervivencia.

Las estrategias de implementación del control social tienen que ver ahora con la dependencia del ente estatal como proveedor de los servicios básicos. Este, como director de orquesta, decide los tiempos de espera. Y, como en la música, decide el ritmo y el ánimo del concierto:

- *Andante*: los suministros de comidas, medicamentos y servicios en general funcionan de manera razonablemente eficiente, la gente cuenta con tiempo para ir a hacer su trabajo y para dedicar tiempo al ocio.

- *Adagio*: la escasez de ciertos bienes hace que aparezca la espera como una incertidumbre tolerable, toda vez que este escenario se considera una excepcionalidad, una situación que pronto se resolverá.

- *Sostenutto*: el ritmo sigue lento, la gente se acostumbra a la nueva realidad, se sacrifican labores domésticas y sociales por atender la provisión, los roles en los hogares se ven transformados por la necesidad de soportar la espera.

- *Largo*: la espera ya no depende exclusivamente de la falta de suministros sino de decisiones deliberadas por parte del Gobierno para la obtención de alimentos, hay una clara discriminación.

Mientras tanto, se desarrolla una *contramelodia*, donde la nomenklatura, las élites y otros favorecidos obtienen sus suministros en *allegretto, vivace* y *prestissimo*. La población en general, debilitada por la espera, desnutrida y desestimulada por la falta de espacios de interacción, comienza a sentir los efectos de la píldora Murti-bing. Lo importante es poder sobrevivir, poner un poco de pan en la mesa de una familia numerosa, procurarse los tan necesitados medicamentos para el familiar enfermo, mantener una frágil normalidad en una situación que lo hace todo para romper su espíritu.

No podemos ver, desde fuera, los efectos de la píldora. El adormecimiento de la población, la sujeción a sus cotidianidades de supervivencia y el ejercicio interno/externo del poder impide develar la opresión a la que están sometidos: la mayoría de las veces ni siquiera los dominados saben que se encuentran bajo el efecto de la píldora. El paciente sometido al fármaco defiende su situación, se le enseña a aceptar y a considerar que es la mejor forma de vida. Sin opciones, el dominado considera su situación de opresión su hogar. La oscuridad de la caverna es su morada y estará dispuesto a defenderla a cualquier costo.

CONCLUSIONES

En los sistemas no democráticos, el control se ejerce hasta la esfera más íntima de la persona, buscando eliminar el individuo y la diferencia a través de la uniformidad absoluta de comportamiento y cosmovisión. Una de las formas de control más comunes es la represión abierta por la fuerza, pero no es la única ni necesariamente la más efectiva. El control social y político ha sido una de las características de los regímenes autoritarios. Los tentáculos, la espera, son una forma silenciosa pero eficaz de poner a la población bajo control. La incertidumbre, la miseria física y emocional, el aburrimiento son quietudes que apaciguan y amansan a la ciudadanía. La píldora de murtibing no es solo un elemento que se toma para sentirse mejor, es una geografía y un tiempo —tempografía, en términos de Auyero— que de manera efectiva limita la acción de las personas en cuanto a seres políticos y sociales.

El tiempo perdido en la espera, en ese vagón de tercera clase, no se recupera, no tiene un objetivo ni un propósito. Los ciudadanos, afectados por la modorra impuesta se convierten en pacientes, sujetos a los movimientos del Estado, a los ritmos de la sinfonía de alimentos que cada vez marcan un *tempo* cada vez más lento. Un ritmo impredecible, una cacofonía de desespero y letargia que se vislumbra en una situación de miseria que incluso alcanza a los acomodados. La comida escasea y los ingresos para obtenerla también, la espera resulta el tiempo dedicado a buscar maneras de hacerse con algo. A «la lucha» le ha venido ganando la espera y la situación de colas se vuelve, poco a poco, insostenible.

ANEXO

En este sentido, el presente Anexo refleja parte de los principales chistes y expresiones que conformaban el choteo del Período Especial, en el marco de la crisis económica y alimentaria, extraídos del libro *Chistes de Cuba*, de Modesto Arocha (2003), a partir de una serie de palabras de búsqueda.

Comida

—Solo tenemos madera para comer.
—¡Madera, madera! —repite el pueblo.
Pasa un mes y vuelve a hablar el pueblo:
—Solo tenemos piedras para comer.
—¡Cabillas, cabillas!
Al cabo de seis meses dice:
—Hemos pasado ya lo peor de la situación, acaba de entrar un barco con comida.
—¡Dientes, dientes!

La maestra pregunta:
—A ver Juanito, dime tres logros de la Revolución.
—La salud, la educación y la defensa.
—Muy bien. Ahora tú, Pepito, dime tres dificultades por las que atraviesa nuestra Patria:
—Desayuno, almuerzo y comida.

Una zorra desfallecida por el hambre se encuentra en una bifurcación. Sabe que uno de los caminos la conduce a un desierto y el otro a un paraje donde abunda la comida, pero no sabe cuál es el camino bueno. Pasa un caballo y le pregunta. El caballo la aconseja sin vacilación, pero equivocadamente, por lo que la zorra entra al desierto y muere. Moraleja: el que le haga caso al caballo[1] se muere de hambre.

Fidel declara una noche en la plaza:
—¡En Cuba no hay nadie que se acueste sin comer!
Uno del público levanta la mano y dice:
—Comandante, yo no he comido nada hoy.
—Pues chico, ¡tú verás que tampoco te vas a acostar!

Fidel manda a un espía a Miami para averiguar por qué todos los cubanos se quieren ir para allá. Al poco tiempo el espía regresa a Cuba y le reporta a Fidel:
—Comandante, la vida en Miami es igualita que aquí.
—¿Cómo?
—Si no tienes dólares, te quedas sin comer.

Asaltan una casa en La Habana y la víctima pregunta:
—¿Qué buscas?
—Algo de comer.
—Espérate, voy a encender la vela y buscamos juntos.

Neuropatía óptica

Hay una variante de neuritis óptica, llamada selectiva, que la padece todo el pueblo de Cuba. El síntoma: no ve la comida.

---

[1] Uno de los apodos populares para referirse a Fidel Castro es «el Caballo».

La neuritis óptica de Cuba la produce un virus maligno llamado Barbacocus.

Qué neuritis óptica ni que ocho cuartos doctor, lo que pasa es que ¡tengo un hambre que no veo!

En Cuba todos padecen de un tipo de neuritis que hace que todo se vea negro.

Después de la neuritis óptica ya los cubanos no pueden comer ni con los ojos.

El virus que produce la neuritis es el FF (Falto de Fonda) La mejor medicina contra la neuritis óptica es el neumático náutico.

A los miembros del partido los ha atacado una forma especial de neuritis: no ven más allá de sus narices.

—La gente anda por ahí sonando como maracas.
—¿Por qué?
—Imagínate, la barriga vacía y con pastillitas contra la neuritis.

A juzgar por la primera página del *Granma* la neuritis óptica ha sido todo un éxito de la Revolución.

El pueblo de Cuba además de padecer de la neuropatía, también padece de la neuroapatía.

Hambre

Fidel dice en la Plaza:
—Pueblo de Cuba, que salga uno de entre ustedes que tenga hambre.

Uno levanta la mano y lo manda a llamar. La gente de la Seguridad lo coge y le obligan a tomarse un gran vaso de agua. Cuando lo termina, le dan otro y otro más, y así hasta que lo obligan a tomarse diez vasos de agua. Después, le traen un plato de langosta y Fidel le pregunta:

—¿Quieres comer?

—No, no, que va, Comandante —contesta el infeliz.

—¿Ves?, tú lo que tenías era sed, no hambre.

Un turista canadiense en La Habana entra en una tienda de música y pregunta al empleado:

—¿Tiene la canción «Morir de amor», por las Hermanas Fabrisas, en 45 revoluciones?

—No, pero si tenemos «Morir de hambre», por los Hermanos Castro, en una sola revolución.

Raúl le dice a Fidel:

—Oye, la cosa está fea, hasta los niños están pasando hambre, no tienen siquiera qué desayunar.

—¡Qué va Raúl, tú estás equivocado! Te lo voy a demostrar: «Oye, tú, niño, ven acá. A ver, ¿qué desayunaste hoy?»

—Bueno, jugo de naranjas, leche y pan con mantequilla.

Se vira para otro lugar y dice:

—Tú, niño, ven acá, ¿qué desayunaste hoy?

—Batido de chocolate y un sándwich de jamón y queso.

—¿Ves Raúl? Estás equivocado.

Dice Raúl para sí mismo: «Ahora sí se jodió este, ya no reconoce ni a sus propios nietos».

Al desfilar, la gente gritaba:

—¡Fidel, tenemos hambre!

Y Fidel los saludaba militarmente. La gente seguía:

—¡Fidel, tenemos hambre!

Y Fidel los saludaba militarmente. Raúl le pregunta a Fidel:

—¿Por qué cuando la gente te dice que ti2ene hambre haces un saludo militar?

—Es que yo soy comandante y el hambre es general.

La maestra cuelga un retrato del presidente Reagan y le pregunta a la clase:
—¿De quién es este retrato?
Silencio absoluto.
—Les voy a ayudar un poquito. Por culpa de este señor estamos pasando hambre.
Pepito dice:
—¡Ah, maestra!, sin uniforme y sin barba no lo conocía.

Instituto Cubano de Hambriología
Parte de hoy. - Abundante hambre en Oriente, excepto en la Base Naval de Guantánamo. En el satélite se observan áreas de carne, pero no ofrecen peligro para la población, pues se desplazan hacia el Comité Central y centros turísticos. Se aprecian algunos desmayos, por lo que el Estado Mayor de la Defensa Civil recomienda a la población una sola evacuación fisiológica al día para mantener la hidratación. Dada la situación hambriológica, se ha decidido repartir carne, jamón, y leche a la población mayor de 80 años, siempre que vengan con acompañados de sus padres.

Libreta

En un viaje por carretera Fidel ve a un ciudadano comiendo hierba. Manda a investigar y al otro día le traen el resultado:
—Comandante, es un loco que hace un par de meses le ha dado por comer pangola.
—¿Y no le ha hecho daño?
—No lo parece, Comandante.
—Bueno, entonces pongan la pangola por la libreta.

Bienaventurados los que viven en Cuba por la libreta, porque pronto verán a Dios.

Fidel hablaba a más de un millón de cubanos en la Plaza de la Revolución, cuando de pronto aparece Jesucristo, bajando lentamente del cielo. Cuando llega al lado de Fidel, le susurra algo al oído.

Fidel, dirigiéndose a la multitud, dice:

—El compañero Jesucristo les quiere dirigir la palabra.

Jesucristo, tomando en sus manos el micrófono, dice:

—¡Pueblo de Cuba!, este hombre de barba, como yo, ¿no le ha dado al pueblo el pan del conocimiento, como hice yo?

El pueblo responde:

—¡Síííííííííí!

—¿No es cierto que, así como yo multipliqué el pan y los peces para dar de comer a todos, este hombre inventó la libreta de racionamiento para que todos comieran por igual?

—¡Síííííííííí!

—¿No ha construido él, hospitales y policlínicos para curar las enfermedades como yo las curé? ¿No fue traicionado por Del Pino como yo lo fui por Judas?

—¡Síííííííííí!

—¿Qué esperan entonces para crucificarlo?

ACRÓNIMOS Y SIGLAS

ANAP	Asociación Nacional de Agricultores Pequeños
BET	Brigada Estudiantil de Trabajo
CDR	Comité de Defensa de la Revolución
CEPAL	Comisión Económica para América Latina y el Caribe
CIDH	Corte Interamericana de Derechos Humanos
CUC	Peso Cubano Convertible
CUP	Peso Cubano
EJT	Ejército Juvenil del Trabajo
ESBEC	Escuela Secundaria Básica en el Campo
FAO	Food and Agriculture Organization
FMC	Federación de Mujeres Cubanas
GIAL	Grupos de Innovación Agropecuaria Local
ICRT	Instituto Cubano de Radio y Televisión
INCAP	Instituto de Nutrición de Centroamérica y Panamá
IPUEC	Instituto Preuniversitario en el Campo
MINAL	Ministerio de la Industria Alimentaria
MLC	Moneda Libremente Convertible
REDESCA	Relatoría Especial sobre los Derechos Económicos, Sociales, Culturales y Ambientales
UMAP	Unidades Militares de Apoyo a la Producción

BIBLIOGRAFÍA

ABENTE BRUN, D. Y L. DIAMOND (eds.) (2014): *Clientelism, Social Policy, And the Quality of Democracy*, Johns Hopkins University Press, [s. l.].

ACOSTA, E. (2019): «La revolución estancada», en https://www.programacuba.com/la-revolucion-estancada.

ACOSTA MORALES, Y. (2020): «Cooperativas agropecuarias. Un factor indispensable para la soberanía alimentaria en Cuba», en https://doi.org/10.18543/dec-15-2020.

_____ Y M. SÁNCHEZ (2019): «Seguridad alimentaria en Cuba en la coyuntura actual: fincas familiares y cooperativas sostenibles», en https://aes.ucf.edu.cu/index.php/aes/article/view/329/347.

ADN (2021a): «Díaz-Canel defiende la «libreta de abastecimiento» en discurso ante la ONU», en https://adncuba.com/noticias-de-cuba/actualidad/diaz-canel-defiende-libreta-de-abastecimiento.

_____ (2021b): «Libra de carne de cerdo registra nuevo récord en Cuba: 140 pesos», en https://adncuba.com/noticias-de-cuba/actualidad/libra-de-carne-de-cerdo-marca-nuevo-record.

AFP (2022): «Las filas, el viacrucis que consume en vida a los cubanos», en https://www.france24.com/es/minuto-a-minuto/20220111-las-colas-el-viacrucis-que-consume-en-vida-a-los-cubanos.

ALBA, Á. (2016): «Cuba: 12/25/1991, se acabó la URSS y empezó la crisis del período especial», en https://

www.radiotelevisionmarti.com/a/cuba-período-especial-urss-/136142.html.

ÁLVAREZ, J. (2004): «The Issue of Food Security in Cuba», en https://doi.org/10.32473/edis-fe483-2004.

ÁLVAREZ QUIÑONES, R. (2020): «La malnutrición y la desnutrición golpean ya a los cubanos, en https://diariodecuba.com/cuba/1602502451_25608.html.

AMADOR, M. Y M. PEÑA (1991): «Nutrition and Health Issues in Cuba: Strategies for a Developing Country», en https://doi.org/10.1177/156482659101300415.

AMANI, E. J. (2003): «Género y conflictos armados», informe general, Institute of Development Studies, Bridge, London.

AMOR BRAVO, E. (2021): «La Tarea Ordenamiento: sus problemas y dificultades», en https://www.programacuba.com/la-tarea-ordenamiento-sus-problemas-y-d.

ANDRADE, J. A. et al. (2017): «La vulnerabilidad de la mujer en la guerra y su papel en el posconflicto», en https://doi.org/10.21500/16578031.2827.

ANGELO, M. (2017): «La seguridad alimentaria, la agricultura industrializada y un cambio climático mundial: Perspectivas en Estados Unidos y Cuba», en https://scholarship.law.ufl.edu/fjil/vol29/iss1/38.

ARENCIBIA, Y. Y Y. HERNÁNDEZ (2009): «Evolución de los derechos de la mujer cubana a partir de 1868», monografía, Universidad de Matanzas Camilo Cienfuegos, Matanzas.

ARENDT, H. (2005): Sobre la violencia, Alianza Editorial, Madrid.

AROCHA, M. (2003): Chistes de Cuba, Alexandria Library Incorporated.

AUYERO, J. (2013): Pacientes del Estado, Eudeba.

BACON, C. M. (2010): «A spot of coffee in crisis: Nicaraguan smallholder cooperatives, fair trade networks, and gendered empowerment», en Latin American Perspective, 37(2).

BÁEZ, L. (1994): «Entrevista a Raúl Castro», en *Trabajadores*, La Habana, 19 de septiembre.

BAJTÍN, M. (1984): *Rabelais and His World Bloomington*, Indiana University Press.

BARREÑO TORRES, Y., D. Y. J. BERBESI Y G. M. SIERRA (2010): «Indicadores de trastornos de salud mental en población desplazada», Centro de Excelencia en Investigación en Salud Mental.

BAUTISTA-ROBLES, V., C. A. KEN-RODRÍGUEZ Y H. KEITA (2020): «El papel de la agricultura en la seguridad alimentaria de las comunidades rurales de Quintana Roo: un ciclo autosostenido», en *Estudios sociales. Revista de alimentación contemporánea y desarrollo regional*, 30(56).

BEHAR, S. (2009): «La caída del Hombre Nuevo: Narrativa cubana del Período Especial», Peter Lang, New York.

BELL, D. (1997): *Consuming Geographies: We Are Where We Eat*, Psychology Press.

BENNETT, A. (2015): «Una nación burlona: Virgilio Piñera y el «choteo» cubano», en *Cuadernos Americanos*, no. 153.

BERNAL, J., E. A. FRONGILLO Y K. JAFFE (2016): «Food Insecurity of Children and Shame of Others Knowing They Are Without Food», en *Journal of Hunger & Environmental Nutrition*, 11(2).

BLOCH, V. (2018): *La lutte: Cuba après l'effondrement de l'URSS*, Vendémiaire, Paris.

BORCH, A. Y U. KJÆRNES (2016): «Food Security and Food Insecurity in Europe: An Analysis of the Academic Discourse (1975-2013)», en *Appetite*, no. 103.

BOROWY, I. (2011): «Similar but different: Health and economic crisis in 1990s Cuba and Russia», en https://doi.org/10.1016/j.socscimed.2011.03.008.

BOTELLA RODRÍGUEZ, E. (2018): «Políticas agrarias, Seguridad Alimentaria y Nutricional y Soberanía Alimentaria: luces y sombras del caso cubano (1990-2015)1», en https://www.redalyc.org/journal/845/84556037009/.

_____ (2019): «Food Import Dependency in Cuba: Still the 'Achilles' Heel of the Revolution'?», en https://doi.org/10.1111/blar.12848.

_____, J. JAMES Y G. KINDELÁN (2017): *Seguridad Alimentaria en la Unión Europea, América Latina y el Caribe: Los Casos de Cuba y España*, Fundación EU-LAC, Hamburg.

BOURDIEU, P. (2007): *El sentido práctico*, Siglo XXI Editores.

BOURNE, P. (1998): «The Impact of the US Embargo on Health and Nutrition in Cuba», en https://www.ascecuba.org/asce_proceedings/the-impact-of-the-u-s-embargo-on-health-and-nutrition-in-cuba/.

BRAVO, R. (1998): «Pobreza por razones de género, precisando conceptos. Género y pobreza, nuevas dimensiones», en I. Arriagada y C. Torres (eds.): *Género y pobreza: nuevas dimensiones*, Ediciones de las Mujeres.

BRIONES ALONSO, E., L. COCKX Y J. SWINNEN (2018): «Culture and food security», en *Global Food Security*, no. 17.

COMISIÓN INTERAMERICANA DE DERECHOS HUMANOS (CIDH) (2021): «La CIDH y su REDESCA expresan su preocupación por la persistente escasez de alimentos en Cuba», en https://www.oas.org/es/CIDH/jsForm/?File=/es/cidh/prensa/comunicados/2021/136.asp».

CAMPI, M., M. DUEÑAS Y G. FAGIOLO (2021): «Specialization in Food Production Affects Global Food Security and Food Systems Sustainability», en *World Development*, no. 141.

CARLONI, A. S. (1981): «Sex Disparities in the Distribution of Food within Rural Households», en *Food and Nutrition*, no. 1.

14ymedio (2022): «Los datos indican que el cerdo ya está en peligro de extinción en las mesas cubanas», en https://www.14ymedio.com/cuba/indican-peligro-extincion-mesas-cubanas_0_3287071267.html.

CiberCuba (2021): «Frei Betto dice que en Cuba no hay hambre: "¡Los cubanos tienen mucho apetito!"», en https://www.cibercuba.com/noticias/2021-12-26-u1-e43231-s27061-frei-betto-dice-cuba-hay-hambre-cubanos-tienen-mucho-apetito.

_____ (2019): «Gobierno cubano paraliza producción de alimentos por crisis energética en el país», en https://www.cibercuba.com/noticias/2019-09-11-u1-e43231-s27061-gobierno-cubano-paraliza-produccion-alimentos-crisis-energetica.

CRIMMINS, J. E. (2021): «Jeremy Bentham», en *Stanford Encycolpedia of Philosophy*, Stanford University.

CRUZ, B. A. (2019): *Acceso a los alimentos en Cuba: prioridad, dificultades y reservas para mejorar*, Centro de Estudios de la Economía Cubana, La Habana.

_____ (2020): «Acceso a los alimentos en Cuba: prioridad, dificultades y reservas para mejorar», en *Economía y Desarrollo*, 164(2).

Cubita Now (2022): «Frei Betto propone a los cubanos comer cáscaras de papas: Fritas son excelentes para picar», en https://noticias.cubitanow.com/frei-betto-propone-a-los-cubanos-comer-cscaras-de-papas-fritas-son-excelentes-para-picar.

DAMIN, N. (2014): «El Estado, la espera y la dominación política en los sectores populares: entrevista al sociólogo Javier Auyero», en *Salud Colectiva*, septiembre-diciembre.

DAMMAN, S., W. B. EIDE y H. V. KUHNLEIN (2008): «Indigenous Peoples' Nutrition Transition in a Right to Food Perspective», en *Food Policy*, 33(2).

DAVIDSON, P. (2012): «The Language of Internet Memes», en M. Mandiberg (ed.): *The Social Media Reader*, New York University Press, New York.

DAWKINS, R. (2022): *El gen egoísta. Las bases biológicas de nuestra conducta*, Salvat, Barcelona.

Diario de Cuba (DDC) (2021): «La inseguridad alimentaria marca las vidas de las madres cubanas», en https://diariodecuba.com/derechos-humanos/1620555438_29267.html.

Díaz, E. (2016): «La crisis energética en Cuba, explicada», en https://periodismodebarrio.org/2016/07/la-crisis-energetica-en-cuba-explicada/.

Díaz, I. y D. Echevarría (2019): «Ingresos en Cuba: ¿brecha entre hombres y mujeres? (Parte I) – Fes-minismos», en https://fes-minismos.com/ingresos-en-cuba-brecha-entre-hombres-y-mujeres-parte-i/.

Díaz, M. (2020): «La soberanía alimentaria y nutricional desde la perspectiva de un Observatorio Territorial», en *Cooperativismo y Desarrollo*, 8(3).

Domínguez, J. y J. Arencibia (2021): «El drama de la comida en Cuba: En la isla solo hay tres problemas, desayuno, almuerzo y cena», en https://www.infobae.com/america/america-latina/2021/06/27/el-drama-de-la-comida-en-cuba-en-la-isla-solo-hay-tres-problemas-desayuno-almuerzo-y-cena/.

Domínguez, M. (2011): «Juventud y educación en Cuba: Estrategia de inclusión social femenina», en *Cuban Studies*, no. 42.

Domínguez-Ruiz, Y. y O. Soler-Nariño (2020): «La seguridad alimentaria familiar en Santiago de Cuba: estudio comparativo en las comunidades Chicharrones y Los Maceos», en *Santiago*, no. 151, marzo.

Duffy, L. N. *et al.* (2017): «Community development through agroecotourism in Cuba: an application of the community capitals framework», en *Journal of Ecotourism*, 16(3).

Duhart, F. (2004): «Consideraciones transcontinentales sobre la identidad cultural alimentaria», en *Sincronía*, no. 32, otoño.

El Jack, A., E. Bell y L. Narayanaswamy (2003): *Gender and armed conflict: Overview report*, Institute of Development Studies, Brighton.

Fessler, D. y C. Navarrete (2003): «Meat Is Good to Taboo: Dietary Proscriptions as a Product of the Interaction of Psychological Mechanisms and Social Processes», en https://doi.org/10.1163/156853703321598563.

FIELDHOUSE, P. (1995): «Social Functions of Food», en https://doi.org/10.1007/978-1-4899-3256-3_4.

FIGUEROA, D. (2005): «Vigilancia participativa de la seguridad alimentaria, en una comunidad de Cuba», en *Revista de Salud Pública*, no. 7.

FISCHLER, C. (1988): «Food, Self and Identity», en https://doi.org/10.1177/053901888027002005.

FONSECA, J., A. POVEDA Y A. ZORRO (2021): «Desafíos para la garantía del derecho a una alimentación adecuada en mujeres afrodescendientes en condición de desplazamiento, mujeres cis-género individuos del colectivo LGBTI, en Colombia», en *Perspectivas en nutrición humana*, no. 23.

FOOD AND AGRICULTURE ORGANIZATION (FAO) (1996): «El estado mundial de la agricultura y la alimentación», en https://www.fao.org/3/w1358s/w1358s.pdf.

_____ (2005): «Políticas de Seguridad Alimentaria en los países de la comunidad andina», en https://ageconsearch.umn.edu/record/11843/.

_____ (2011): «Seguridad Alimentaria y Nutricional Conceptos Básicos», en https://www.fao.org/3/at772s/at772s.pdf.

FOUCAULT, M. (1975): *Vigilar y Castigar: nacimiento de la prisión*, Siglo XXI Editores.

FREIDBERG, S. E. (2004): *French Beans and Food Scares: Culture and Commerce in an Anxious Age*, Oxford University Press.

FUNDORA GARCÍA, A. (2021): «Nitza Villapol y la cultura de la invención», en https://rialta.org/nitza-villapol-y-la-cultura-de-la-invencion/.

GARCÍA, A. Y B. A. CRUZ (2021): «Food Access in Cuba: Current Situation and Challenges», en *Social Policies and Institutional Reform in Post-COVID Cuba*.

GARCÍA, M. (2011): «La reestructuración del modelo cubano de seguridad alimentaria y el papel del territorio», en https://www.redalyc.org/pdf/4255/425541315009.pdf.

GARTH, H. (2020): *Food in Cuba: in pursuit for a decent meal,* Stanford University Press.

GIRALDO, O. F. Y P. M. ROSSET (2018): «Agroecology as a territory in dispute: between institutionality and social movements», en https://doi.org/10.1080/030661 50.2017.1353496.

GONZÁLEZ, C. (2007): «Seasons of Resistance: Sustainable Agriculture and Food Security in Cuba», en https://heinonline.org/HOL/Page?handle=hein.journals/tulev16&div=30&g_sent=1&casa_token=.

GONZÁLEZ MARRRERO, C. (2020): «El activismo de Estado en Cuba, violencia estructural y dominación», en L. Álvarez y H. E. Hernández (eds.): *Práctica cívica,* Editorial Hypermedia, Saint Augustine.

_____ (2019): «Feminismo de Estado», en https://www.hypermediamagazine.com/.

_____ (2020): «Memes, sátiras y tropos en Cuba», en https://revistas.usergioarboleda.edu.co/index.php/forocubano/article/view/2021.1a01/1243.

_____ (2022): «Verónica Cervera: Confluencia de la cocina cubana», en https://www.hypermediamagazine.com/entrevistas/veronica-cervera-entrevista-cocina-cubana/.

_____ y A. CHAGUACEDA (2019): «Fear and loathing of civil society in Cuba», en https://theglobalamericans.org/2019/05/fear-and-loathing-of-civil-society-in-cuba/.

GONZÁLEZ, I. (2016): «Brechas de género persisten en el acceso a la tierra en Cuba», en https://ipsnoticias.net/2016/09/brechas-de-genero-persisten-en-el-acceso-a-la-tierra-en-cuba/.

GUERRERO, L. *et al.* (2009): «Consumer-Driven Definition of Traditional Food Products and Innovation in Traditional Foods. A Qualitative Cross-Cultural Study», en https://doi.org/10.1016/j.appet.2008.11.008.

GUETHÓN, R. Y N. A. TORRES (2014): «Agroecología y Seguridad Alimentaria. Una visión desde Cuba», en *Estudios del Desarrollo Social: Cuba y América Latina,* no. 2.

GUEVARA REYES, O. *et al.* (2019): «Contribución a la seguridad alimentaria en el municipio de Cabaiguán», en https://doi.org/10.46380/rias.v2i2.47.

HADDAD, L. J. *et al.* (1996): «Food Security And Nutrition Implications Of Intrahousehold Bias: A Review Of Literature», International Food Policy Research Institute (IFPRI), Washington, D.C.

HAVEL, V. (1992): *Open Letters: Selected Prose*, Faber & Faber.

HIDALGO, N. (2013): «Choteo, identidad y cultura cubana», en *Afro-Hispanic Review*, 32(1).

ICIARTE GARCÍA, M. J. (2019): «El derecho a la alimentación y la feminización de la pobreza en Venezuela», en http://www.analesdenutricion.org.ve/ediciones/2019/1/art-5/.

INCAP (1999): «Seguridad alimentaria y nutricional», en http://www.incap.int/sisvan/index.php/es/acerca-de-san/conceptos/marco-referencial-de-la-san.

«Indicadores Tx de salud mental en población desplazada Colombia.pdf» (2022), en https://www.mhinnovation.net/sites/default/files/downloads/innovation/research/Indicadores%20Tx%20de%20salud%20mental%20en%20poblaci%C3%B3n%20desplazada%20Colombia.pdf.

«Jiménez - Perspectivas de Género en Operaciones de Paz de Na.pdf» (2022), en https://cdn.peaceopstraining.org/course_promos/gender_perspectives/gender_perspectives_spanish.pdf.

JIMÉNEZ, S., C. PORRATA Y M. PÉREZ (1998): «Evolución de algunos indicadores alimentario-nutricionales en Cuba a partir de 1993», en http://scielo.sld.cu/scielo.php?script=sci_arttext&pid=S0375-07601998000400011.

_____ *et al.* (2012): «Cambios en el estado nutricional de la población cubana adulta de diferentes regiones de Cuba», en http://scielo.sld.cu/scielo.php?script=sci_arttext&pid=S1561-30032012000100002.

JIMÉNEZ, X. (2012): *Perspectivas de Género en Operaciones de Paz de Naciones Unidas*, Instituto para Formación en Operaciones de Paz, Williamsburg.

JIMÉNEZ-BENÍTEZ, D., A. RODRÍGUEZ-MARTÍN Y R. JIMÉ-
NEZ-RODRÍGUEZ (2010): «Análisis de determinantes
sociales de la desnutrición en Latinoamérica», en *Nutrición Hospitalaria*, no. 25, octubre.

KITTLER, P. G., K. SUCHER Y M. NAHIKIAN-NELMS (2017):
Food and Culture, Cengage Learning, Australia.

KOONT, S. (2011): «Sustainable urban agriculture in Cuba.
Sustainable Urban Agriculture in Cuba», en https://
www.cabdirect.org/cabdirect/abstract/20123185879.

KRAUSE, S. R. (2013): «Beyond non-domination», en https://
doi.org/10.1177/0191453712470360.

LAHOZ, C. (2006): «El papel clave de las mujeres en la seguridad alimentaria», en https://scholar.google.com/
scholar_lookup?title=El+papel+clave+de+las+muje-
res+en+la+seguridad+alimentaria&author=Lahoz%-
2C+C.&publication_year=2006.

LEE DAWDY, S. (2022): «"La Comida Mambisa": food, farming, and Cuban identity, 1839-1999», en https://doi.
org/10.1163/13822373-90002543.

LEVITSKY, S. Y D. ZIBLATT (2018): *Cómo mueren las democracias*, Ariel.

LOVETT, F. (2010): *A General Theory of Domination and
Justice*, Oxford University Press.

MACHADO, E. Y M. DOMITROVICH (2007): *Tastes Like Cuba:
An Exile's Hunger for Home*, Gotham Books.

MAESENEER, R. DE (2012): «Devorando a lo cubano. Una
aproximación gastrocrítica a textos relacionados con
el siglo XIX y el Período Especial», en *Iberoamerica-
na-Vervuert XIX*, no. 1.

MARTE, L. (2011): «Afro-diasporic seasonings food routes
and dominican place-making in New York City», en
https://doi.org/10.2752/175174411X12893984828719.

MARTÍNEZ, J. (2020): «Mejora de la agrobiodiversidad y
su contribución al Programa Nacional de Seguridad Alimentaria y nutricional en Cuba en tiempos de COVID-19», en https://redib.org/Record/

oai_articulo3166479-mejora-de-la-agrobiodiversi-dad-y-su-contribuci%C3%B3n-al-programa-nacio-nal-de-seguridad-alimentaria-y-nutricional-en-cu-ba-en-tiempos-de-covid-19.

MARTÍNEZ-TORRES, M. E. Y P. M. ROSSET (2014): «Diálogo de saberes in La Vía Campesina: food sovereignty and agroecology», en *Journal of Peasant Studies*, 41(6).

McCAMMON, C. (2015): «Domination: A Rethinking», en *Ethics*, 125(4).

McCUNE, N. *et al.* (2017): «Mediated territoriality: rural workers and the efforts to scale out agroecology in Nicaragua», en *The Journal of Peasant Studies*, 44(2).

McPHERSON, J. (2018): «National Food Security in Cuba: By What Means?», en https://DalSpace.library.dal. ca//handle/10222/74918.

MESA-LAGO, C. (1998): «Assessing 1990 's Economic and Social Performance in the Cuban Transition of the 1990», en *World Development*, no. 5, julio.

MEYER, C. A. (2019): «Farming in the Spanish Caribbean: Rural Identity, Culture, and Food Production in the Dominican Republic, Haiti, and Cuba», en https:// doi.org/10.2139/ssrn.3387785.

MIER Y TERÁN GIMÉNEZ CACHO, M. *et al.* (2018): «Bringing agroecology to scale: key drivers and emblematic cases», en https://doi.org/10.1080/21683565.2018.1443313.

MIŁOSZ, C. (2016): *La mente cautiva*, Galaxia Gutemberg.

MINTZ, S. W. Y C. M. DU BOIS (2002): «The Anthropology of Food and Eating», en *Annual Review of Anthropology*, no. 31.

MIRANDA PARRONDO, M. DE (20021): «La «Tarea Ordenamiento» y las distorsiones cambiarias | Cuba Capacity Building Project», en https://horizontecubano.law.columbia.edu/news/la-tarea-ordenamiento-y-las-distorsiones-cambiarias.

MOFFAT, T., C. MOHAMMED Y K. B. NEWBOLD (2017): «Cultural Dimensions of Food Insecurity among Immigrants and Refugees», en *Human Organization*, 76(1).

MONCKEBERG, F. (1981): «The Possibilities for Nutrition Intervention in Latin America [Chile; Cuba]», en https://scholar.google.com/scholar_lookup?title=The+possibilities+for+nutrition+intervention+in+Latin+America+%5BChile%3B+Cuba%5D&author=Monckeberg%2C+Fernando&publication_year=1981.

MORRIS, E. (2014): «Unexpected Cuba», en *New Left Review*, no. 88.

MORSE, S. Y N. MCNAMARA (2013): «Sustainable Livelihood Approach: A Critique of Theory and Practice», en https://doi.org/10.1007/978-94-007-6268-8.

MUÑOZ, R. (2019): «Crisis de abastecimiento en Cuba: ¿vuelve el "Período Especial"?», en https://www.dw.com/es/crisis-de-abastecimiento-en-cuba-vuelve-el-per%C3%ADodo-especial/a-48808182.

NORIZA, I. *et al.* (2012): «Acculturation, foodways and Malaysian food identity», en *Current Issues in Hospitality and Tourism Research and Innovations*.

NÚÑEZ RODRÍGUEZ, E. (2000): *Mi vida al desnudo*, Ediciones Unión, La Habana.

O'DONELL, G., O. IAZZETTA Y J. V. CULLEL (2003): «Democracia, desarrollo humano y ciudadanía», en *Revista de Ciencia Política*, 23(2).

OBADARE, E. (2009): «The Uses of Ridicule: Humour, "Infrapolitics" and Civil Society in Nigeria», en https://doi.org/10.1093/afraf/adn086.

ORTIZ, F. (1940): «Los factores humanos de la cubanidad», en *Revista Bimestre Cubana*, no. 2.

PADRÓN, J. (2021): *Mi vida en Cuba*, Reservoir Books.

«Panorama de la seguridad alimentaria y nutricional en América Latina y el Caribe 2018» (2018), en https://iris.paho.org/bitstream/handle/10665.2/49616/9789251310595_spa.pdf?sequence=1&isAllowed=y.

PELTO, G. (1984): «Intrahousehold food distribution patterns», en *Malnutrition: Determinants and Consequences*, G. Davis, New York.

PERERA, M. (1991): «La categoría valores. Algunos elementos en torno a su estudio», en Centro de Investigaciones Psicológicas y Sociológicas, La Habana.

PÉREZ, G., M. LAZO Y N. LEÓN DE LOS SANTOS (2020): «Adopción de tecnologías, educación y seguridad alimentaria en los valles del Colca y Cotahuasi», en https://www.researchgate.net/profile/Marcelo-Oliveira-46/publication/343303948_Monitoreo_remoto_automatizado_de_calidad_del_agua_en_sistemas_acuaponicos_en_Sao_Paulo_Brasil/links/5f-222b86458515b729f3293e/Monitoreo-remoto-automatizado-de-calidad-del-agua-en-sistemas-acuaponicos-en-Sao-Paulo-Brasil.pdf#page=253.

PÉREZ-LÓPEZ, J. F. Y L. MURILLO SALDAÑA (2003): «El interminable período especial de la economía cubana», en *Foro Internacional*, no. 3, 1 de julio.

PÉREZ, R. (2021): «The Public Health sector and Nutrition in Cuba», en *MEDICC Review*, 11(4).

PERTIERRA, A. C. (2008): «En Casa: Women and Households in Post-Soviet Cuba», en *Journal of Latin American Studies*, no. 4.

PROGRAMA MUNDIAL DE ALIMENTOS (PMA) (2009): «Manual para la Evaluación de la Seguridad Alimentaria en Emergencias», en https://documents.wfp.org/stellent/groups/public/documents/manual_guide_proced/wfp203215.pdf.

_____ (2007): «PMA Cuba Apoyando la seguridad alimentaria y nutricional», en https://documents.wfp.org/stellent/groups/public/documents/resources/wfp270006.pdf.

_____ (2021): «Plan estratégico para Cuba», en https://executiveboard.wfp.org/document_download/WFP-0000127841.

RAMOS CRESPO, M. E. Y M. M. GONZÁLEZ PÉREZ (2020): «Modelo de gestión de la seguridad alimentaria y nutricional desde el gobierno a escala municipal/Food and nutrition security management model from the government at the municipal level», en http://www.econdesarrollo.uh.cu/index.php/RED/article/view/777.

REARDON, J. A. S. Y R. A. PÉREZ (2010): «Agroecology and the development of indicators of food sovereignty in Cuban food systems», en *Journal of Sustainable Agriculture*, 34(8).

REINA GÓMEZ, G. Y B. RODRÍGUEZ ANZARDO (2003): «La nutrición: un aspecto importante en la calidad de vida de la mujer La nutrición: un aspecto importante en la calidad de vida de la mujer», en https://www.scielo.br/j/rbsmi/a/5mPbyssvkWB9K58Ktg4LBhh/abstract/?lang=es.

RIERA, O. Y J. SWINNEN (2016): «Cuba's Agricultural Transition and Food Security in a Global Perspective», en *Applied Economic Perspectives and Policy*, 38(3).

RODRÍGUEZ, S. (2013): «Eating in Cuban: The Cuban Cena in Literature and Film», en *Health Travels: Cuban Health(care), Ond and Off the Island*, UC Medical Humanities Press.

RODRÍGUEZ HERRERA, E. (1958): *Léxico mayor de Cuba*, Editorial Lex, La Habana, t. I.

ROMERO, M. (2019): «Cuba se enfrenta a una posible crisis energética por la escasez de petróleo», en https://www.france24.com/es/20190912-cuba-enfrenta-crisis-escasez-petroleo.

ROMO AVILÉS, M. N. Y M. C. PÉREZ VILLALOBOS (2012): «Igualdad y Género. Conceptos básicos para la aplicación en el ámbito de la seguridad y la defensa», en https://digibug.ugr.es/handle/10481/22316.

ROSSET, P. (2011): «Food sovereignty and alternative paradigms to confront land grabbing and the food and climate crises», en https://doi.org/10.1057/dev.2010.102.

_____ (2013): «Grassroots Voices: Re-thinking agrarian reform, land and territory in La Via Campesina», en https://doi.org/10.1080/03066150.2013.826654.

_____ *et al.* (2011): «The Campesino-to-Campesino agroecology movement of ANAP in Cuba: Social process methodology in the construction of sustainable peasant agriculture and food sovereignty», en https://doi.org/10.1080/03066150.2010.538584.

Ruíz Martínez, J. M. (2018): «Una aproximación retórica a los memes de internet», en *Signa: Revista de la Asociación Española de Semiótica*, no, 27.

Salois, R. (2017): «Choteo Cubano: Humor as a Critical Tool in Twentieth-Century Cuban Theater», en https://academicworks.cuny.edu/gc_etds/2279.

Sánchez, Y. (2019): «Entrevista a Yoani Sánchez», en https://www.programacuba.com/entrevista-a-yoani-sanchez.

Sauterel M. y D. Sepúlveda (2016): «Rol mediador de las mujeres en los procesos de consolidación de la paz internacional», en https://revistademediacion.com/articulos/rol-mediador-las-mujeres-los-procesos-consolidacion-la-paz-internacional/.

Savić, V. y N. Slobodan (2018): «The effect of the agrarian reform on the development of cultural activities in the Republic of Cuba», en *Економика пољопривреде*, 65(3).

Scanlon, G. M. (1987): «La mujer y la instrucción pública: de la ley Moyano a la II República», en *Historia de la educación: Revista interuniversitaria*, no. 6.

Scott, J. (1990): *Domination and the arts of resistance: hidden transcript,* Yale University Press, New Haven.

Schermuly, A. C. y H. M. Forbes-Mewett (2016): «Food, Identity and Belonging: A Case Study of South African-Australians», en *British Food Journal*, 118(10).

Schweizer, H. (2008): *On Waiting. In Thinking in Action (First)*, Routledge.

Sen, A. (1983): *Poverty and Famines: An Essay on Entitlement and Deprivation*, Oxford University Press, Oxford.

Sklodowska, E. (2016): *Invento, luego resisto: el Período Especial en Cuba como experiencia y metáfora (1990-2015)*, Editorial Cuarto Propio, Santiago de Chile.

Soares, P. *et al.* (2020): «Sistemas alimentarios sostenibles para una alimentación saludable», en https://renhyd. org/index.php/renhyd/article/view/1058.

Soler, N. P. (2017): «At the Postnational Table: Food, Fantasy, and Fetishism in Tastes Like Cuba by Eduardo Machado», en https://doi.org/10.25222/larr.75.

Soulary-Carracedo, L., M. González-Ortiz y V. S. Soulary-Carracedo (2021): «Propiedad cooperativa en el sector agrícola en Cuba. Apuntes para su comprensión», en *Anuario*, Facultad de Ciencias Económicas y Empresariales, no. 12.

Strauss, L. (2014): *The Political Philosophy of Hobbes*, The University of Chicago Press.

Swissinfo (2019): «Mayor "austeridad" en Cuba ante crisis energética "coyuntural"», en https://www.swissinfo.ch/spa/mayor--austeridad--en-cuba-ante-crisis-energética--coyuntural-/45222818.

Thiemann, L. y M. Spoor (2019): «Beyond the 'special period': land reform, supermarkets and the prospects for peasant-driven food sovereignty in post-socialist Cuba (2008–2017)», en https://www.tandfonline.com/doi/full/10.1080/02255189.2019.1632174.

Thomas, D. (1990): «Intra-Household Resource Allocation: An Inferential Approach», en *Journal of Human Resources*.

Val, V. *et al.* (2019): «Agroecology and La Via Campesina I. The symbolic and material construction of agroecology through the dispositive of 'peasant-to-peasant' processes», en *Agroecology and Sustainable Food Systems*, 43(7-8).

Valdés-Zamora, A. (2008): «Una lectura de la sátira en Cuba: Indagación del choteo de Jorge Mañach», en https://doi.org/10.3406/ameri.2008.1812.

Vara-Horna, A. (2021): «Inseguridad alimentaria, violencia e inequidad de género en Cuba a fines del 2020», en https://alicia.concytec.gob.pe/vufind/Record/USM-P_512b054d443f92e38d46828fc096e274.

Vía Campesina (2003): «¿Qué es la soberanía alimentaria?», en https://viacampesina.org/es/que-es-la-soberania-alimentaria/.

Vivero-Pol, J. L. (2017): «The idea of food as commons or commodity in academia. A systematic review of English scholarly texts», en *Journal of Rural Studies*, no. 53.

Vizcarra Bordi, I. (2008): «Entre las desigualdades de género: un lugar para las mujeres pobres en la seguridad alimentaria y el combate al hambre», en *Argumentos*, no. 57, agosto.

Wallace, R. G. y R. A. Kock (2012): «Whose Food Footprint? Capitalism, Agriculture and the Environment». en https://doi.org/10.1177/194277861200500106.

Weller, D. L. y D. Turkon (2015): «Contextualizing the Immigrant Experience: The Role of Food and Foodways in Identity Maintenance and Formation for First- and Second-Generation Latinos in Ithaca, New York», en https://doi.org/10.1080/03670244.2014.922071.

Weyland, K. (2009): «Bounded rationality and policy diffusion: Social sector reform in Latin America. Bounded Rationality and Policy Diffusion: Social Sector Reform in Latin America», en https://www.scopus.com/inward/record.uri?eid=2-s2.0-84923940992&partnerID=40&md5=bc7cffbdf4720aaee77c3a4e7adb03d7.

Witkiewicz, S. I. (1996): *Insatiability*, Hydra Books-Nor thwestern University Press.

Wright, J. (2009): Sustainable Agriculture and Food Security in an Era of Oil Scarcity: Lessons from Cuba, Routledge, London.

Yang, Y. (2014): «Bourdieu, Practice and Change: Beyond the criticism of determinism», en *Educational Philosophy and Theory*, 46(14).

YoSíTeCreo en Cuba (2021): «Feminicidios en 2021», en https://www.yositecreoencuba.org/2021.

191

ÍNDICE